再话土力学

李广信 著

人民交通出版社

北京

内 容 提 要

本书是《漫话土力学》的姊妹篇。作者依托扎实的理论功底及深厚的人文素养，以历史典故、自然现象、社会话题阐释晦涩难懂的学术问题，旁征博引，妙趣横生，引领读者以更开阔的视角体悟土力学及其研究对象的概念、原理、相互作用的规则，进而从学科的角度系统认识其特点、思想方法及应对工程问题的正确路线。

本书可供从事岩土工程及相关专业的工程技术人员参考，亦可供高等院校土力学及相关专业的教师、本科生、研究生阅读和学习。

图书在版编目(CIP)数据

再话土力学 / 李广信著. — 北京：人民交通出版社股份有限公司, 2024. 12. — ISBN 978-7-114-20010-6

Ⅰ. TU43

中国国家版本馆 CIP 数据核字第 2025R195R7 号

Zai Hua Tulixue
书　　　名：**再话土力学**
著　作　者：李广信
责任编辑：张　晓　贾　萱
责任校对：赵媛媛　刘　璇
责任印制：张　凯
出版发行：人民交通出版社
地　　　址：(100011)北京市朝阳区安定门外外馆斜街 3 号
网　　　址：http://www.ccpcl.com.cn
销售电话：(010)85285857
总　经　销：人民交通出版社发行部
经　　　销：各地新华书店
印　　　刷：北京市密东印刷有限公司
开　　　本：720×960　1/16
印　　　张：14.5
字　　　数：165 千
版　　　次：2024 年 12 月　第 1 版
印　　　次：2024 年 12 月　第 1 次印刷
书　　　号：ISBN 978-7-114-20010-6
定　　　价：128.00 元
(有印刷、装订质量问题的图书，由本社负责调换)

一些学者在离世后或八九十寿辰之际，常由其后辈或弟子组织出版一本论文集，以彰显其学术成就及展示其学术轨迹，并寄托怀念之情。在世或离世的作者抚摸这本几公分厚的巨著，一定会感慨系之，深感慰藉。《毛泽东选集》出自伟人，《论语》产于圣人，它们或红遍天下，或流传万世。但是凡人们的文集多赠予同行好友、属下弟子，在书店中则很罕见。

古时的文字被刻于龟甲牛骨，后来刻（写）于竹简，所以古文艰深简短。老子的《道德经》集哲学之大成，也只有五千字，尚没有现在一篇论文的分量。像《论语》这样的文集，其实并非孔夫子的"论文集"，每段的开头多是"子曰"，似乎是孔子的"言论集"，当然都是箴言与名言。《诗经》属于四书五经之一，小时候学它时颇有些腹诽：其中很多诗极其啰嗦，如"木瓜""木桃""木李"之类，反反复复。既然古文字难刻难写，不如"投之以木瓜，报之以彩礼"简单明确。但有时也很喜欢它，先生叫起背诵时，要容易得多，免了不少责罚。

随着现代信息科学的发展，从各网站查询文献资料轻而易举，已无须翻遍书架去找论文集,先查看目录,再查找所需论文、图表、期刊名与刊号。此前收到友人馈赠的《论文集》,都很郑重地摆在书架上,后来摆不下了,就很珍重地收藏起来。它们今后可能会成为"珍本",你看以前到处可见的"百货公司""新华书店",现在已经接近于"古董"了。

《漫话土力学》付梓以来,过了五年多,这期间又陆续写了一些东西,筛选后呈现在这里。看起来都是论文,但并不是本人的论文集。文章选用的原则还是"论道而不论术"。它不是在土力学这棵大树的某一枝末梢处探索新的枝芽,而是力图从学科整体上认识其特点、思想方法及应对工程问题的正确路线。《漫话土力学》主要是按照本科土力学教材的章节,对土力学的一些基本概念进行开放式、联想式的分析与论述;本书则是面对在该领域登堂入室者,以更高更开阔的视角与视野展示土力学及其研究对象的复杂性、多样性及特殊性,谓之《再话土力学》。

与其他人造的建筑材料不同,作为天然材料的土是大自然"创造"的,它的多样性致使几乎没有两地的土是完全相同的;土力学中的土及其颗粒处于不停地运动、变化中,这成为土的力学性质复杂性的本源;在解决土的工程问题时,精确是一种奢望,经验主义与实用主义现在仍然是有效的途径与方法。与此相关的文章有《浅议土的复杂性》《土的分类与定名——名可名,非常名》《土力学中的实用主义》《土力学三角形和岩土工程三角形》及《初始各向同性砂土试样的制备》。

鉴于土的复杂、多样与多变性,作者特别强调在学习、认识、研究和工程实践中,应当用全面、变化、发展、辩证的思维方法,孤立、静止、片面、形而上学的思维会导致歧路和错误。《地下水中的辩证法》《土力学中的平面应变问题》《岩土工程安全系数法稳定分析中的荷载与抗力》和《谈谈莱荣高铁的这场闹剧》等文章就是反映这个主张的案例。其中《土力学中的平面应变问题》一文所提的"平面应变综合征"和"固定的中主应力"就是孤立、静止的形而上学思维的典型。尤其是《谈谈莱荣高铁的这场闹剧》，特别强调"一切从实际出发"，对于深埋于地下的土层，其变化几乎是不可确知的，既不是间距50m的钻孔所能揭示，也不是设计者在室内用一条线所能确定，所以在施工中桩长应从实际出发，而不是从勘察的剖面图出发，也不是一切从设计出发。作为这个工程事件的评估专家组组长，我一直强调岩土工程一切从实际出发，最后统一了各方面的意见，推翻了"偷工减料"这一不实之词。

书中有两篇很有意思的文章，即《回顾岩土工程界的几次讨论与争论》和《土木工程话土木》。前者是为《岩土工程学报》创刊40周年所写，回顾了学报的几场讨论与争论。土工问题的讨论与争论源于土的复杂性，争论有益于加深对问题、概念、方法的认识，争论目的不在于对错与输赢，对于不少土的问题可能最后也没有定论，但总有进步。后者是为纪念《土木工程学报》创刊70周年，从人类的发展历史，分析了土与木两种天然材料的应用、结合以及古今与功过。

最后一篇文章《听课与点评》，是在2023年武汉召开的第十四届土力学及岩土工程学术大会上对于优秀青年教师的《土力学》示范讲课上的点评，其内容与《漫话土力学》相似，但在概念与理论上的意见都有所深入与开放。

了解了作者写作的目的与原则，应知道《再话土力学》不同于那些囿于特定领域的论文，尽管有些内容较艰深，但不要太注重于一图一式一符号，它们都是作者用以解释与说明土力学及其材料的特殊性、性质的复杂性、工程问题的独特性的工作路径与方法。

本人在土力学领域学习、研究、教学，并在工地积累了丰富的实践经验，至今已逾六十年，力图从哲学的高度再次思考与认识土与土力学。写出这些文字，以期引起同行们的关注，切磋琢磨，其目的在于"就有道而正焉"。

李广信

2024年9月

浅议土的复杂性

① 引言

    恩格斯在《自然辩证法》一书中写到:"亚里士多德已经说过,这些较早的哲学家都设想原初本质是某种物质:空气和水;后来赫拉克利特设想是火,但是没有一个人设想是土,因为它的组成太复杂"。[1]古希腊的哲学家们只看到土的组成太复杂,尚无缘深入认识土的状态、结构与力学性质的复杂性。直到20世纪初太沙基以其丰富的工程经验和杰出的悟性创建了土力学这门学科,土性质的复杂性才更深刻地被人认识。土力学是与工程地质相关联,采用经典工程力学作为基本手段,考虑碎散介质特性形成的一门学科。由于土性质的复杂性、影响因素的多样性以及作为天然碎散材料不可控的变异性,在解决实际问题时,很难做到如经典力学那样精准与明晰。

本文曾发表于《岩土工程学报》2024年第46卷第5期。

20世纪60—80年代,随着计算机技术的快速发展,促进了非线性有限元等数值计算的广泛应用,进而推动了土的应力-应变-强度的本构关系数学模型的研究。一时间百花齐放,经典力学中的各种手段都被用于描述土的本构关系,线弹性、非线弹性、弹塑性(包括线弹性-完全塑性、单屈服面、多屈服面、边界面、应变空间等)、黏弹塑性、内时理论、损伤理论等模型纷纷登场,各夸自家颜色好。但公式越来越复杂,参数也越来越多,离工程应用也就越来越远了。[2]

1987年,在美国的克利夫兰召开了"非黏性土的本构关系国际研讨会",[3]会前公布了某种砂土物理性质等资料、"基本试验"(如常规三轴压缩试验等)的试验结果以及"目标试验"(复杂应力路径试验)的应力路径,在国际范围内征集本构模型进行预测,但"目标试验"的结果要在全部提交预测结果后用以评分(百分制)。会议共征集到32个模型,评分标准如图1所示。图中实曲线为真三轴试验结果,S_i为得分系数,即得分=$S_i \times 100$。

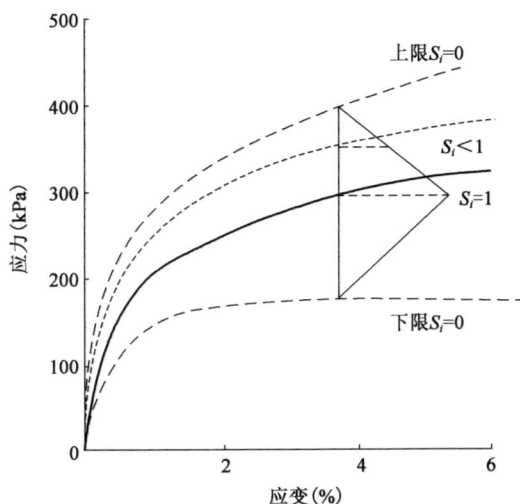

图1 "目标试验"中轴向应力应变预测的评分标准

即使采用如此宽松的评分标准,预测其轴向应力-应变关系曲线的及格率仅为31%;而在预测体应变中,由于砂土具有剪胀性,能判断出是体胀还是体缩已属不易,其最高分(40分)为一个弹塑性模型所获得。在建筑工程中能计算出建筑物的地基沉降或基坑支护的位移与实测值的误差在20%左右就已经令人十分满意了。

模糊数学的创始人扎德(Zadeh L A)说过:"当系统的复杂性增加时,我们做出系统特点的精确而有意义的描述能力将相应降低。"对于力学性质极其复杂的土正是如此。老子的《道德经》开篇第一句就是"道可道,非常道",意思是可以表述清楚的对象都是简单的,如果大自然中万物发展与变化规律可以完全清楚地表达出来,那么它就不是永恒的"道"了。"道法自然",土是大自然的产物,所以它也是不可能被完全清楚认识与准确表述的。

土的复杂性还体现在它的多样性与地域差别。深圳的淤泥土与天津的淤泥土就有所不同,广州的残积土与福建的残积土也有较大差别。作为天然材料,土的组成的多样性与性质的复杂性造成了定名的困难,不同工程门类所关心的土的物理力学性质也有所不同。如建筑行业主要关心地基土的承载力与变形,而水利水电行业则更重视土的水力特性,致使各行业的分类也不尽相同。同样,各国土的分类标准也不相同。

土的复杂性主要源于两个因素,一是其为天然材料,是长期地质历史的产物,千差万别,千奇百怪;二是由于它的碎散性,使其表现出一些不同于连续介质的特殊性质。

② 作为天然材料的土

作为一种天然材料,土的组成、状态、结构及相应的力学性质呈现极其复杂的情况。地球上的土通常由固、液、气三相组成,而放眼太阳系以及全宇宙,可能会有不少星球与空间都存在岩石风化的产物——土,但其形成主要原因是物理风化。只有极其幸运地同时存在液态水与含氧大气层的地球上才会具有我们见到的化学风化,这就造成了三相组成的土,黏土矿物可能是地球表面所独存与特有的。也正是土中水使土的物理力学性质变得更为复杂,土中水造成了土力学理论中的难点,也是很多地质灾害与工程事故的根源。这可能源于静孔隙水压力、超静孔隙水压力、渗透力、湿陷、湿胀、液化、冻胀、渗透变形、流滑、冲蚀等。所以太沙基说:"In engineering practice difficulties with soils are almost exclusively due, not to the soils themselves, but to the water contained in their voids. On a planet without any water there would be no need for soil mechanics."[4]意思是说"在工程实践中,与土相关的难题几乎全部是因土孔隙中的水所致,而与土(骨架)本身无关。在一个没有水的星球上,土力学也就没用了"。顾宝和大师最近的一篇文章标题是"难缠的水,可怕的水"[5]。该文从抗浮设防水位、裂隙水、渗透破坏、水压力几方面,结合很多工程失事的典型案例说明了土中水的难缠与可怕。

在大学本科课堂上的"土力学"淡化了土的天然属性,将土类和土性概念化、理想化与简单化。其中介绍的土基本是两相饱和(或烘干)的重塑土,这样就掩盖了天然土的多相性、多样性、多变性和复杂性。学过这样的土力学的学生毕业后到工程实践中就会遇到一个过不去的断层而手足无措。他们会遇到相对密度 D_r 大于 1.0 与小于 0 的天然砂土;以其含水率计算的液性指数 I_L 远大于 1.0,而并不呈现流态,并具有很高强度的原状结构性软土。如图 2 所示的高灵敏度原状淤泥土,其原状试样的无侧限抗压强度可以达到 100kPa,而重塑后即变成泥浆。他们也会在基坑工程中看到本应无黏聚力的 3~4m 厚潮湿的粉细砂层可近于竖直开挖,强胶结的卵石层用各种钻具都难以穿过。

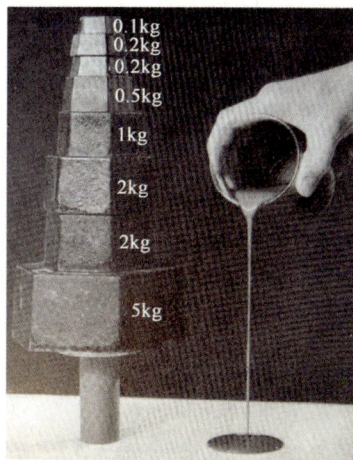

图 2 原状与重塑的淤泥土

在课堂上,学生被告知,根据胡克定律,变形模量 E_0 与压缩模量 E_s 的关系如式(1)所示:

$$E_0 = \beta E_s = \left(1 - \frac{2\nu^2}{1 - \nu}\right) E_s \qquad (1)$$

由于泊松比 $\nu \leqslant 0.5$,因此 E_0 不可能大于 E_s。模量是来自于弹性力学的概念与参数,借用模量来描述本来就是非弹性的土,使其成为一个很难讲清的参数。实际上通过载荷试验测得的变形模量 E_0 常常大于室内试验的压缩模量 E_s,见表 1[6]。

变形模量 E_0 与压缩模量 E_s 间的经验关系　　　表1

土类	E_0/E_s		土类	E_0/E_s	
	变化范围	平均值		变化范围	平均值
老黏土	1.45~2.80	2.11	新近沉积黏性土	0.35~1.94	0.93
一般黏性土	0.60~2.80	1.35	新近沉积淤泥质土	1.05~2.97	1.90

在土力学课堂上还会讲到,饱和软土的不排水强度 c_u 是不排水三轴压缩试验破坏时莫尔圆的半径;而其无侧限压缩强度 q_u 是这一莫尔圆的直径,如图3所示,所以 $q_u = 2c_u$。可是杭州地铁某基坑工程的勘察报告却给出如表2所示的数据,可见十字板剪切试验测得的 c_u 甚至大于室内试验的无侧限抗压强度 q_u。

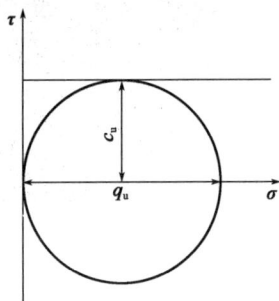

图3　不排水强度 c_u 与无侧限单轴压缩强度 q_u

淤泥质土的强度指标　　　表2

土层	无侧限抗压强度试验	十字板剪切试验
	q_u(kPa)	c_u(kPa)
④₁	25.34	28.4
⑥₁	24.06	34.1

这也反映了取样后的室内试验与原位测试结果的差别,主要原因就是土样在取样、运输、存储、制样、试验过程中发生了扰动。所以在国外试验对此有严格规定,对于饱和软土,除了按取样规定采用薄壁取土器和精细的取样技术外,还要求:

(1)保证试样完全饱和；

(2)试样必须是原状、均匀、无缺陷的；

(3)在饱和黏土情况下，初始的有效围压等于残余(负)孔压，这意味着试样没有回弹及固结；

(4)取样后，试样必须快速地(5~15min)进行试验直到破坏，以免发生水分蒸发和表面干燥。

目前我国的取样与试验还很难达到这样的要求，所以室内试验测到的强度及刚度与原位测试比较常常是偏小的。

如上所述，地球上的土具有很强的地域性与时域性。即使是见多识广的岩土工程专家、大师也不敢自称无土不知，无土未见。鉴于此，岩土工程师应因地制宜，深入现场，注重调查研究，重视地方规范与当地工程技术人员的意见。

③ 作为碎散材料的土

土木工程中的砖、石、钢、木、混凝土及合成材料，在一定的应力范围内，其受力变形并不改变其物理性质，因而在一定范围内近似是线弹性的。土作为一种由碎散颗粒组成的集合体，不同于固体连续介质的稳定性，具有与液体相似的流动性。古墓的一种防盗措施是设置一厚层经炒干的纯净细砂，一旦墓穴被挖开，盗墓者容易被流动的细砂埋在墓道里。古希腊哲学家赫拉克利特说过："人不能两次踏入同一条河流。"你踏入一条河，现在温柔地抚摸你小腿的河水已经不是一秒钟以前的那些河水了，子在川上曰"逝者如斯夫"，也是这个意思。如果你关注一个建筑物的崛起、一个基坑的开挖、一个现场测试或一个试样的试验过程，就会发现在这些过程中所涉及的土，其组成、状态、结构、颗粒间的相对位置及其力学性质是随着受力与变形而不断变化的。由碎散颗粒组成的土其受力变形是与其物理性质相耦合的。可以说土处于不断地流动与变化中，或者说土是有生命的。

图4表示的是首先在 OA 段在 K_0 条件下固结（侧限压缩）的试样，到 A 点进行以 $\sigma_3 = K_0\sigma_{1A}$ 为常数的常规三轴压缩试验，其后应力-应变曲线为 AB 段。在拐点 A 的两条曲线的斜率分别为 E_s 和 $E_i = E_0$，可见此时 $E_s > E_0$。这条曲线可以近似描述地基土中某一土单元在其沉积→固结压缩→进行浅层载荷试验→达到极限状态全过程的应力历史与应力路径。OA 阶段是其成长健壮的阶段，随着沉积厚度的增加，土层在逐渐增加的大面积均布有效自重应力作用下其孔隙比减小，密度增加、含水率减小，由于被压密压缩模量 E_s 逐渐增加。从 A 点开始是载荷试验的加载过程，它开始承受较大竖向荷载及剪应力，应力水平 σ_1/σ_3 提高，模量降低，也是土逐渐衰弱、老化的过程，因压缩与剪胀（缩）而发生沉降。在最后阶段，土颗粒在剪切过程中重新排列，可能因产生剪切滑动面而破坏。这就像一个人生老病死的全过程，其体内的状况在不断变化，其骨密度、器官与细胞也经历了由兴到衰的过程。

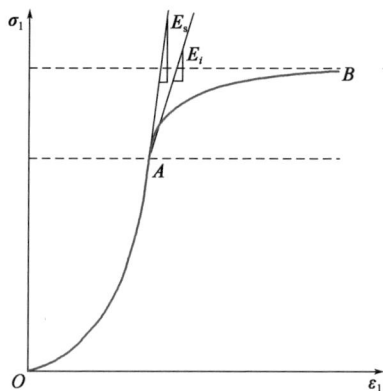

图4 一个土试样的两段试验

有人用萨克拉门托(Sacramento)河砂进行了各种围压下的排水三轴试验[7],并用相对密度 $D_r = 1.0$、孔隙比 $e = 0.61$ 的密实砂试样在最高围压达到 13.7MPa 的条件下进行试验,在这个围压下剪切过程中其体积一直是减小的,应力-应变曲线是应变硬化的过程。在试样剪切破坏以后,其孔隙比 e 达到 0.37,与初始状态相比,级配曲线右移,细颗粒含量由4%增为12%。可以想象在极高围压下的压缩与剪切过程中,砂土颗粒不断发生滑移、转动、错位、楔进、破裂、磨损的经历。

土体受力时颗粒间接触点压力会发生弹性变形,而粒间的剪力也会驱动颗粒产生相对位移。有人认为这种颗粒间所有的相对位移都产生不可恢复的塑性变形(应变),实际情况可能是很复杂的(图5)。

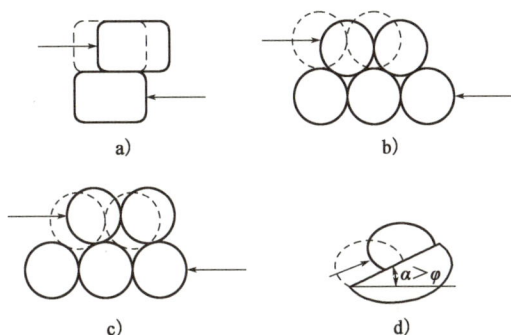

图5　土颗粒发生相对位移的几种形式

在图5中,虚线表示的是上部颗粒的初始位置,实线为被移动后的位置。图5a)和b)中颗粒在剪力作用下移动后,其位(势)能不变或降低而处于稳定的位置,所以剪力减小时其位移与变形是不可恢复的,产生了塑性应变;图5c)和d)中上部颗粒在剪切时移动后位能提高了,是不稳定的,剪力减小后它们将会恢复到原位,减载时其位移可恢复,产生了似乎是"弹性"应变。这种情况是土受力变形的一种独特现象,即减载收(体)缩。

关于土受力变形的非线性、压硬性、弹塑性、加卸载的滞回圈、剪胀(缩)性、应变硬(软)化等已经为人们所熟知,另一种奇怪的现象是上述土的减载体缩,经过观察不同应力路径的试验,都发现土在减载时不是如弹性体一样而回弹体胀,而几乎都是体积收缩[8,9]。图6表示承德中密砂在各种试验应力路径下试验的应力水平S与体应变ε_v间的关系,其中$S = q/q_u$,即为剪应力与破坏剪应力之比;图中凡是虚线箭头向右下方的都是减载体缩。可见在加载到高应力水平时,都会发生剪胀($\Delta\varepsilon_v < 0$),而减(卸)载时就会发生明显的体缩(见图中的虚线),这说明该体缩是"可恢复的剪胀",它不属于弹性理论的范畴,因为其中一些应力路径中,卸载时平均主应力p是减小的,按照弹性理论应当是回弹体胀。

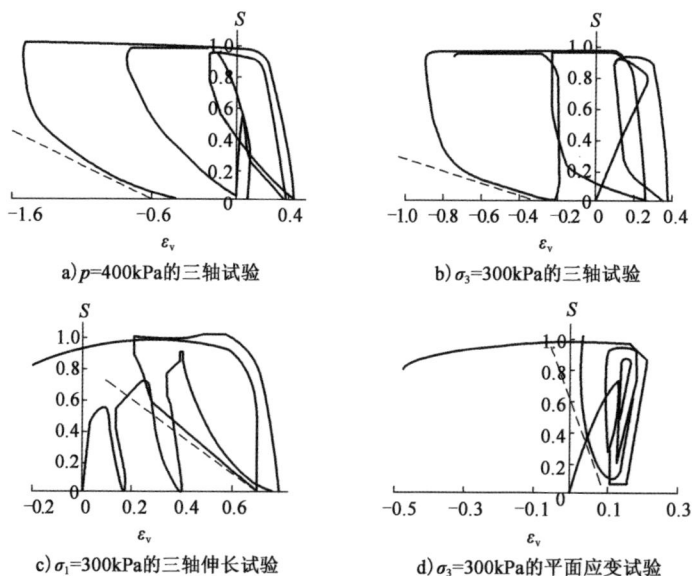

a)p=400kPa的三轴试验

b)σ_3=300kPa的三轴试验

c)σ_1=300kPa的三轴伸长试验

d)σ_3=300kPa的平面应变试验

图 6

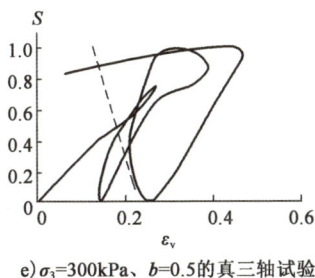

e) σ_3=300kPa、b=0.5的真三轴试验

图6　各种试验应力路径下试验的应力水平与体应变间的关系

图7为用二维的非连续变形分析（DDA）计算的模型砂的应力-应变过程[10]，其中设颗粒间滑动摩擦角 φ_r 为15°，颗粒初始按最密实状态排列。图7a)为在不同阶段的颗粒的排列；图7b)为计算的应力-应变曲线，以体胀为正，可以发现减载体缩现象；图7c)为图7a)两种状态下颗粒间受力情况；图7d)为颗粒某种排列时的粒间力的极限平衡分析。

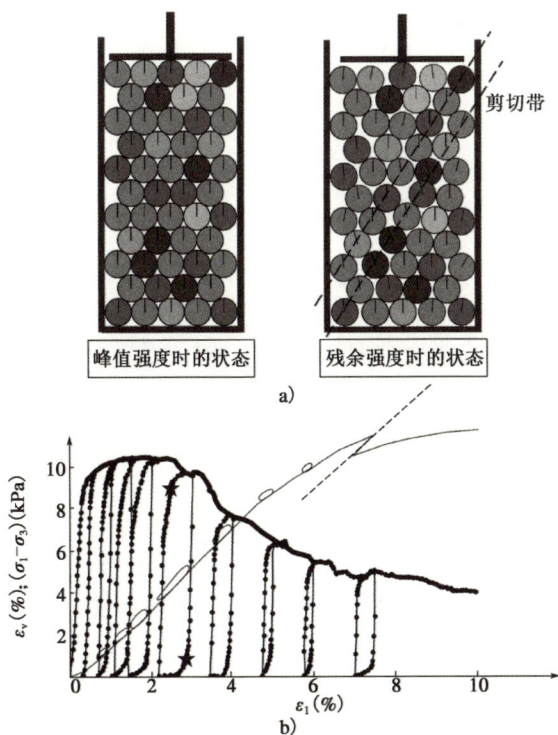

图　7

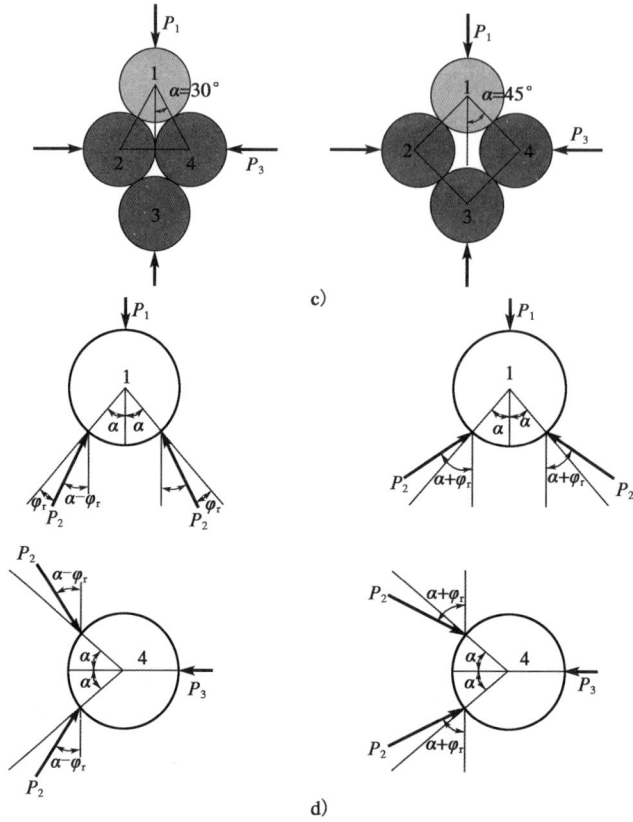

图7 用DDA分析模型砂应力-应变关系

在图7d)中,其左侧图为P_1向下加载时,颗粒1推动颗粒2、4侧移时,颗粒1与颗粒4力的极限平衡状态;右侧图表示P_1竖向卸载时,颗粒4向上推动颗粒1时,两颗粒力的极限平衡状态。表3为颗粒不同排列时,极限状态下的P_1/P_3值。

加载与卸载极限状态的P_1/P_3　　　　　　表3

状态	α (°)	P_1/P_3	
		加载	卸载
初始-峰值强度	30	3.732	1.000
达到峰值强度以后	35	2.748	0.839
残余强度	45	1.732	0.577

根据图4、图7和表3，可以分析颗粒间运动与土的应力-应变特性间的关系如下：

①非线性：在图4中，对于侧限压缩，竖向应变（等于体应变ε_v）主要源于土的孔隙减少，在压缩过程中，土变密、变硬，表现为压密（硬）性，压缩曲线是上凹的，如图中的 OA 段。在随后的 $\sigma_h = \sigma_3 = K_0\sigma_{1A} < K_0\sigma_1$ 的试验中，颗粒向下发生位移的同时将推动其下部颗粒侧移而体胀，见图7c）、d）；随着竖向应力 σ_1 的增加，颗粒侧移，阻力减少，模量逐渐减小，如图4的 AB 段，形成上凸的曲线。

②剪胀性：从图7c）可见，从二维颗粒的正三角形排列到正方形排列，其孔隙比增加了0.17。图7b）中计算的最大剪胀量约为0.12，没有达到0.17，这是由于达到残余强度时，除了剪切带附近外，颗粒没有完全达到正方形排列，见图7a）。

③应变软化：在图7a）中，在峰值强度之前，颗粒处于最密实状态，在残余强度时，颗粒几乎处于最松散状态。图7b）中，残余强度 $(\sigma_1 - \sigma_3)_r$ 与峰值强度 $(\sigma_1 - \sigma_3)_f$ 值之比为0.42，而表3中 P_1 的峰值与残余值之比为0.46，二者较接近。从图7a）中可以清楚地看到剪切带的发生，表明剪切带控制抗剪强度。

④滞回圈：图7b）第5次加、卸载循环表现的滞回圈最明显，它处于峰值强度之后。在图7d）和表3中，卸载时，P_1/P_3 在2.748与0.839之间时，颗粒基本不动，只发生弹性应变；当卸载到 $P_1/P_3 = 0.839$（见下星号），颗粒2、4向内推动颗粒1，使其上升，产生明显竖向回弹；反之，当再加载到 $P_1/P_3 = 2.748$（见上星号）时，颗粒1又向两侧推动2、4，产生再加载时的竖向应变很快增加。在边界面本构模型中，滞回圈内的这种可恢复应变并不认为都是弹性变形，而被认为是在边界面内的屈

服与塑性应变。

⑤减载体缩：与滞回圈相对应，当减载到P_1/P_3等于表3中的最右一列时，颗粒2、4向内移动，推起颗粒1发生竖向的上升，同时孔隙体积减少，伴随的是试样体积收缩而不是回弹体胀，这在最后一次减载时更明显(见图7b)中的虚线)。

自然界中真实的土，其级配与颗粒形状远比图7复杂，但其基本机理应是一样的。土体受力变形与其物性变化间的关系如图8所示。应力增加→颗粒本身及其相互间位置改变(物性变化)→产生塑性应变增量$\Delta\varepsilon_{ij}^{\mathrm{p}}$→应力-应变关系发生变化，这就是土的力学复杂性的根源。在各种力图反映土的本构关系的模型中，主要工作就是力图建立连接这种耦合关系的纽带与关键参数。如弹塑性模型的硬化参数(H)、损伤模型的损伤变量(W)、内时理论模型的内时变量(I)、塑性应变耗散理论中的塑性应变势(λ)、Desai使用的扰动因子(D)，都不约而同地将它们作为塑性应变$\varepsilon_{ij}^{\mathrm{p}}$的函数。由此可见塑性应变是土在受力变形过程中物性变化的反映与度量尺度，也是影响土的应力-应变性质的关键因素。

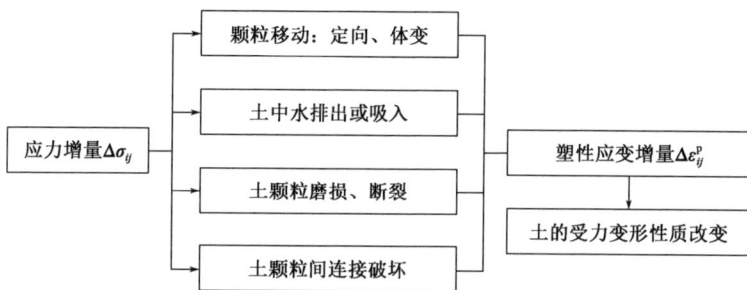

图8 土的受力变形与物性间的耦合

引起土产生塑性应变的不仅仅是应力，湿度、振动、温度(冻融)等广义的"作用"都会引起其发生塑性变形，其中土的湿陷(化)与湿胀是最常见的现象。高堆石坝建成后初次蓄水，由于高应力下堆石坝料初次遇水湿化变形,会发生较大的坝体沉降,成为高堆石坝的关键技术问题。图9a)为小浪底堆石坝的模拟堆石料的湿化试验曲线[11]。

在清华弹塑性模型中,土在干、湿情况下的屈服函数(屈服面或屈服轨迹)的形式是一致的,可表示为 $f(\sigma_{ij}) = H(\varepsilon_{ij}^{p})$。干土三轴试验应力状态 σ_{ij} 达到图9b)中的 A 点,对应的屈服面为 f_0。保持应力状态不变,向干试样内加水至饱和,发生湿化轴向压缩与体积收缩,塑性应变由 ε_{ij}^{p} 增加到 $(\varepsilon_{ij}^{p} + \varepsilon_{ij}^{s})$,其中 ε_{ij}^{s} 为湿化应变,它无疑是塑性应变。这样,饱和以后的湿土,其应力状态 σ_{ij} 未变,仍然在 A 点,但由于其塑性应变增加到 $(\varepsilon_{ij}^{p} + \varepsilon_{ij}^{s})$,相应的屈服面 $H(\varepsilon_{ij}^{p} + \varepsilon_{ij}^{s})$ 在 C 点,对应的屈服面为 f_1,但其应力状态点 A 位于其新屈服面 f_1 之内,f_1 相当于它的前期屈服面。湿化后的土料在 $A \rightarrow C$ 加载过程只会产生弹性应变,图9a)中的湿化试验曲线清楚地表明了这种湿化变形后的弹性阶段。湿化试验表明塑性应变是土的应力应变性质的一个决定性的尺度,不管这个塑性应变是什么原因引起的。

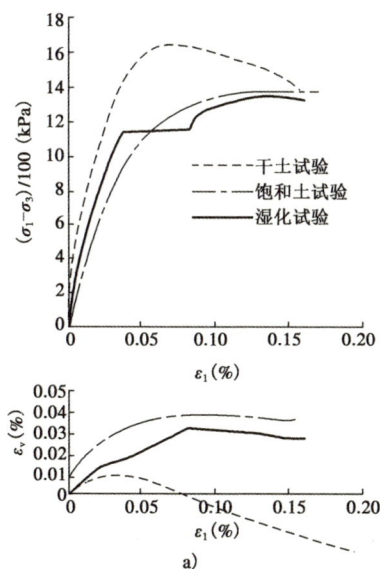

图 9

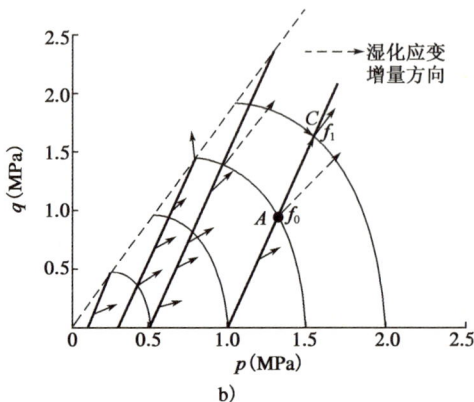

图9　干、湿堆石模拟料及其湿化三轴试验

④ 结论

对于土的复杂性,本文在几个方面进行了一些讨论。它不可能把土的复杂性讲得很清楚、透彻、全面,所以称之为"浅议"。但希望能对人们,尤其是对青年岩土工程技术人员有所裨益。

土的组成、状态、结构与力学、水力性质极为复杂,这种复杂性源于土的天然属性及其碎散的组成。人们很难对其严密地定名与分类,也不可能精准地描述它们。

作为大自然的产物,地球上的土通常由三相组成。其中土中水是土力学理论与实践中的难点,也是地质灾害与工程事故主要的祸首。土的自然属性造成土的多样性、多变性和复杂性,在课堂与教材中,通常是把土简单化与概念化,而对于自然界原状土的真知只有在长期的工程实践中熟悉、学习与认识。

土的碎散性使其承载时表现出其受力变形与物理性质间的耦合,在受力变形过程中,其颗粒本身以及颗粒间处于不断地运动与变化之中,其相互位置与连接都会随之不断变化,造成其组成、状态、结构的变化,表现出一种流动性或活性。与此相关,土的应力-应变关系也因此表现出非线性、弹塑性、压密性、剪胀(缩)性、应变硬(软)化、减载—再加载的滞回圈以及减载体缩等独特的现象,其中塑性应变是连接土的力学性质与物理性质间的纽带。

土的分类与定名——名可名，非常名

❶ 引言

作为天然材料，现实中的土可谓是形形色色，没有所谓抽象的"土"。提到土，每个人的头脑中会出现完全不同的形象。北方的农民感觉土就旱田的耕土，南方的农民会想起水田的泥土，川陕的农民想到了黄土，内蒙古的牧民联想到沙尘暴与戈壁滩，南海的渔民想到了珊瑚砂，建筑工人想到的是砂石骨料，盗墓者职业性地想到了青膏泥，阿姆斯特朗可能会想起月壤。有多年工程经验的岩土工程师见过膨胀性土、湿陷性土、分散性土，其中一些土还会发生液化、冻胀、流滑、管涌、流土、流砂等现象。所以说地球上的土千奇百怪，丰富多样，太空中的无数行星、卫星上也会有你想不到的"星壤"。

农学中的土与土力学中的土，其内容、分类、关注点都是不同的；

土木专业与水利专业关于土的分类及关注的性质也是不同的；世界上各国关于土的分类标准也不尽相同。

即使在土力学的教材及课堂中，在岩土工程的专著、论文与学术报告中，在注册岩土工程师考试的考题中，深究起来对土的分类与定名也有一些混乱与歧义。按常理说，本专业的教授、专家、院士对于土的种类应当是如数家珍，但深究起来，其言、其文、其书也有很多地方值得商榷。

❷ 颗粒、粒组与土

土力学实验室都会有一套筛子，用它测定土粒径的大小。可能各国稍有不同，我国《试验筛　技术要求和检验　第1部分：金属丝编织网试验筛》(GB/T 6003.1—2022)[12]对于金属丝编织网试验筛有以下规定：

粗筛孔径为60mm、40mm、20mm、10mm、5mm、2mm；

细筛孔径为2.0mm、1.0mm、0.5mm、0.25mm、0.1mm、0.075mm。

由于是金属丝编织，其筛孔不是圆孔而是方孔，其边长为b，称为孔径d似乎不太严谨。但其意思应当如图1a)所示，其孔径就是直径为d的固体圆球可以通过的最小筛孔直径。

土颗粒的大小通常以其粒径d表示。但是土颗粒的形状大概率不是圆球，通常是不规则的三维粒状体。图1b)表示的是浑圆与棱角两种形状的砂砾石颗粒。其粒径d就是以能让其通过的最小筛孔直径。所以说，每一个具体的土颗粒都有一个确定的粒径。用土的粒径大小区分土类是土力学中最基本方法。为此引进"粒组"的概念。

图1　筛孔的孔径与土颗粒的形状

对于土的细粒组与粗粒组,国内外较为一致的界限是 0.075mm (也有为 0.06mm 或其他,有的规范还设定巨粒组)。粗粒组包括砂粒组与砾粒组,砂粒组又可分为细、中、粗砂粒组,也各有其特定的粒径区间。粒组是在一定明确的粒径范围内,粒径相近的颗粒组。我国的《土的工程分类标准》(GB/T 50145—2007)[13]中土的粒组划分见表1。可见,粒组是一个颗粒群,例如在粗砂粒组的每一个颗粒,其粒径都应在粗砂粒组规定的范围内。

土的粒组划分　　　　　　　　　　　　表1

粒组划分			粒径范围(mm)
巨粒组	漂(块)石组		$d > 200$
	卵(碎)石组		$200 \geqslant d > 60$
粗粒组	砾粒	粗砾组	$60 \geqslant d > 20$
		中砾组	$20 \geqslant d > 5$
		细砾组	$5 \geqslant d > 2$
	砂粒	粗砂组	$2 \geqslant d > 0.5$
		中砂组	$0.5 \geqslant d > 0.25$
		细砂组	$0.25 \geqslant d > 0.075$
细粒组	粉粒组		$0.075 \geqslant d > 0.005$
	黏粒组		$d \leqslant 0.005$

但是一种天然的土,其颗粒的粒径可谓是五花八门,如坡积土、残积土、堰塞坝中的土,其中的颗粒粒径大到漂(块)石小到黏粒。

建筑行业的规范[14]常常采用"少数服从多数"的简单法则定名。例如有一种土，其中大于0.5mm的颗粒质量比大于50%，而大于2mm的质量比小于50%，这种土就是粗砂土。按照这个规范，如果一种土中块石、砾石含量占45%，粗砂粒组含量占6%，细粒土含量占49%，则被称为"粗砂土"。可是肉眼看去，这种土中有很多石粒，经过试验，发现其渗透性很小（$k < 10^{-5}$cm/s），具有较高的黏聚力，与人们心中的粗砂迥异，这是这个规范的缺点。

完全由单一某种粒径的颗粒组成的土，如图2中的曲线①，它属于粗砂；完全由粗砂粒组组成的土，如图2中的曲线②，它也被定名为粗砂；粒径级配累计曲线③也是粗砂，但它包含的粒径范围极宽。我们说"粗砂"，并不达意，可能意为单一颗粒、粗砂粒组或者粒径范围给定的粗砂土。这样"粗砂土"可能含有砾、碎、块石，还可能含有粉土粒、黏土矿物、有机质等。

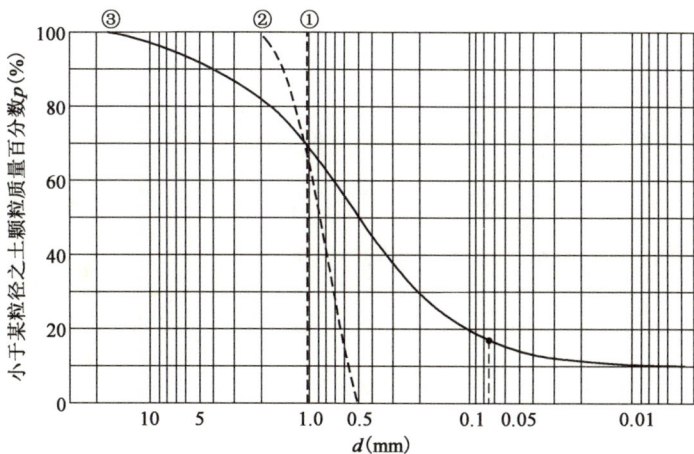

图2　颗粒、粒组与土

3 黏性与黏聚力

土的黏性主要是指黏性土中颗粒之间由于分子、离子引力而相互连接的性质,这种性质主要是由黏土矿物的颗粒与水之间的相互作用产生的。

土的黏聚力与土的黏性有关,但二者并不是相同的术语。在土的莫尔-库仑强度准则中,黏聚力是强度包线在竖坐标(τ)上的截距,它并不都是由土的黏性产生的,黏聚力 c 的产生可能有以下的原因:颗粒间的咬合、土的抗剪强度包线的非线性、非饱和土的吸力、冰冻、静电引力、范德华力、胶结力、粒间的化合价键等。人们可以通过观察,如土是否成块、是否可以竖直开挖或竖直填筑等来判断土的黏聚力。但最准确的测定方法就是试验,即在压力(或围压)为零时是否具有抗剪强度($\tau_f = c$)。可这又是土力学中至今几乎无法解决的难题。

竖直压力为 $0(\sigma_n = 0\text{kPa})$ 的直剪试验,几乎是无法进行的,这是因为上盒中土的自重、试样顶帽的自重以及上下盒的摩阻力都是难以完全消除的,因而不可能做到剪切面上 $\sigma_n = 0\text{kPa}$。20世纪80—90年代美国一些研究者进行了一系列极低围压($\sigma_3 \leqslant 10\text{kPa}$)下的砂土三轴试验,结果发现砂土的 $c > 0$。日本学者们见到其结果讽刺说这还是"石器时代"的试验。日本人进行了相同的试验,认为试验引起误差的原因有:①试样膜的约束;②压力室内的静水压力;③试样自重;④土样与上帽及下座间的水平摩擦约束;⑤为保持饱和初始试样自立,保持测水管与试样中心的水位差;⑥三轴仪竖轴的摩擦力;⑦制样时橡皮膜拉伸对试样的附加应力;⑧试样的饱和度不足等。他们做了大量的率定试验,推翻了美国人的结果。

表观上的黏聚力一般有下面各种成因与类型。

3.1 咬合力

粗粒土中颗粒间的咬合力在宏观上可表现为黏聚力，如图3所示。由于颗粒间的咬合，在咬合处颗粒矿物被剪断的前后，其强度包线表现为两段直线，分别表示为：

$$\tau_{f1} = \sigma_n \tan(\varphi_\mu + i) \tag{1}$$

$$\tau_{f2} = c + \sigma_n \tan\varphi_\mu \tag{2}$$

$$c = \sigma_{n0}[\tan(\varphi_\mu + i) - \tan\varphi_\mu] \tag{3}$$

式中，φ_μ 为颗粒间矿物的滑动摩擦角；σ_{n0} 是颗粒咬合处被剪断时的竖向应力。可见，其表观的黏聚力 c 是由颗粒的矿物强度决定的。图4表示的是粗粒土相互咬合的颗粒间在剪力作用下的位移。对于密实的粗粒土，剪切必然引起颗粒间的错动、翻转、爬升等，相应地在宏观上试样就会体胀，称为"剪胀"。这时外力除了克服颗粒间滑动（摩擦角为 φ_μ）外，还要克服咬合阻力额外做功，这种外力额外做的功就表现在抗剪强度的增加。

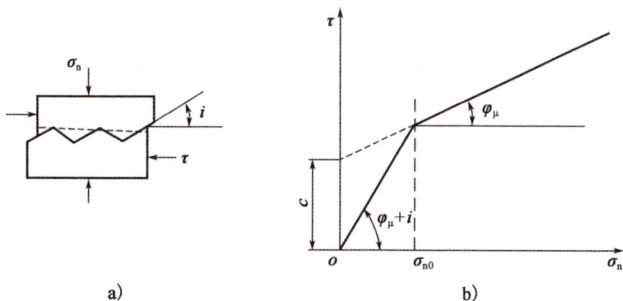

a)   b)

图3　土的咬合及其强度

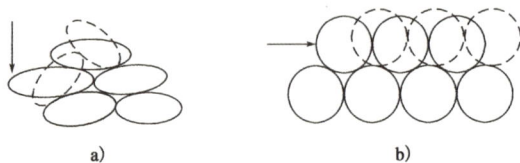

图4　土的咬合及剪胀（虚线表示颗粒移动后的位置）

粗粒土颗粒间的咬合可以产生很大的表观黏聚力，图5是青海沟后水库溃坝后的断面[15]。面板砾石坝高达71m，其纯净的砾石、卵石、漂石筑坝土料压实干密度ρ_d高达2.23g/cm³，溃坝后其残坡以大于70°的坡度树立，其稳定性要靠粗颗粒间的咬合力维持。

图5　沟后水库溃坝后的断面

3.2　强度的非线性

大量的试验结果表明，粗粒土的破坏面上抗剪强度与该面上的正应力σ_n之间，或三轴试验中的抗剪强度$q_f = (\sigma_1 - \sigma_3)_f/2$与围压$\sigma_3$之间并非是线性关系，如图6所示。这种非线性原因在于上述颗粒咬合。在低围压下压密粗粒土会发生剪胀，其内摩擦角提高；在高围压下，咬合的粗颗粒断裂、破损，内摩擦角降低（图3），宏观上表现为非线性。图6表示的是一种堆石料的三轴试验强度包线。如上所述，粗粒土围压σ_3小于100kPa的三轴试验是很难准确进行的，曲线①的前面虚线部分是假定强度包线必然过原点绘出的曲线。可以表示为式（4）或式（5）：

$$\varphi = \varphi_0 - \Delta\varphi \lg \frac{\sigma_3}{p_a} \tag{4}$$

$$\tau_f = A\sigma_n^b \tag{5}$$

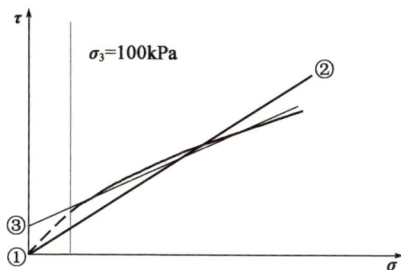

图6　堆石料三轴试验非线性强度包线

直线②是按照优化方法将试验结果线性近似，并规定 $c = 0$。这显然误差很大，对于高堆石坝的稳定分析十分不利。直线③是将包线的后段线性段向前延长，结果与竖轴有截距 c。

在图5中的沟后水库面板砾石坝中，其筑坝材料对于线①，$\varphi_0 = 46°$，$\Delta\varphi = 6.1°$；对于线②，$c = 0$，$\varphi = 41°$；对于线③，$c = 18.5\text{kPa}$，$\varphi = 37.1°$。可见线③给出相当大的黏聚力，也可说明为什么图5中残坡坡度在70°以上仍可以保持稳定。

3.3　基质吸力

非饱和土的基质吸力主要源于颗粒间的毛细力，在图7所示的非饱和土中，两个颗粒被粒间毛细水的毛细张力拉在一起，在两个颗粒接触点间产生压力，这个压力产生的摩擦强度，在宏观上表现为无外加压力下的抗剪强度，从而表现为黏聚力。在湿润的沙滩上，我们可以向下挖一个竖井而不会垮塌，就在于这种毛细力产生的抗剪强度。

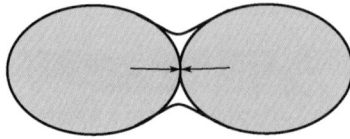

图7 颗粒间的毛细力

基质吸力对细粒土影响很大,对于粗粒土中的粉、细、中砂以及一些混合土也有影响,图8为一种压实冰碛土的土水特征曲线(含水率与基质吸力间关系曲线)。可见在较小含水率时,基质吸力可达上千千帕。

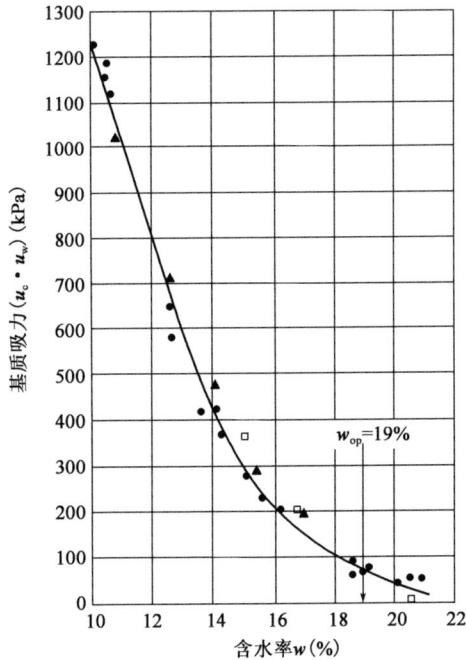

图8 压实冰碛土的土水特征曲线

根据Fredlund对非饱和土提出的双应力系统,在非饱和土的强度中应计入基质吸力的影响,如图9所示[16]。

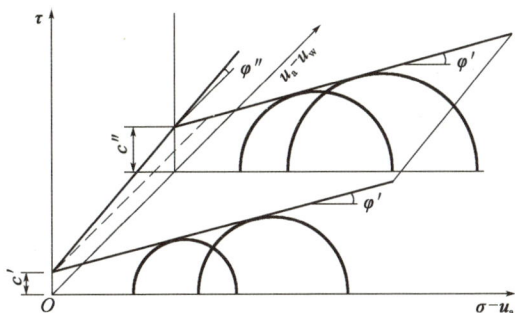

图9　非饱和土强度理论

可表示为：

$$\tau_{\mathrm{f}} = c' + (\sigma - u_{\mathrm{a}})\tan\varphi' + (u_{\mathrm{a}} - u_{\mathrm{w}})\tan\varphi'' \tag{6}$$

其中，$(u_{\mathrm{a}} - u_{\mathrm{w}})$ 即为非饱和土的基质吸力，如果设 $c'' = c' + (u_{\mathrm{a}} - u_{\mathrm{w}})\tan\varphi''$，则式（6）也可表示为：

$$\tau_{\mathrm{f}} = c'' + (\sigma - u_{\mathrm{a}})\tan\varphi' \tag{7}$$

这里的 c'' 有时称为"假黏聚力"，它在数值上可以很大。据报道，一个美国青年在很厚湿润的沙滩中开挖一条隧道，自己爬了进去后塌陷了，最后采用生命探测器才把他搜救出来。

3.4　静电引力与范德华力

在图10a)中，黏土颗粒带有不均匀分布的正负电荷（总体上带负电），颗粒的角-面接触或公用阳离子都会由静电引力将黏土颗粒拉在一起，颗粒间的压力产生的摩擦力表观为土的黏聚力。图10b)表示的是片状的黏土颗粒结合水中的静电引力。由于黏土颗粒表面带有负电荷，而土中水含有正离子，它们会使水分子极化而产生引力。

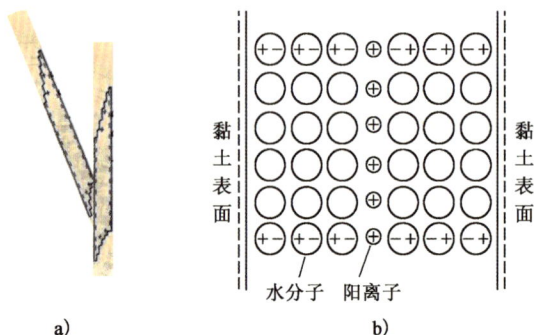

水分子 阳离子

a)   b)

图10　黏土颗粒间的静电引力

范德华力是土颗粒表面分子间的引力,物质的极化分子与相邻的极化分子间通过相反的偶极吸引。范德华力产生在细粒土颗粒间,在距离很近时产生,随着距离加大而迅速降低。

基质吸力、静电引力与范德华力产生土的黏聚力的主要机理在于所谓的"内部压力"。这种内部压力产生的黏聚抗剪强度本质上还是摩擦强度,如图7所示。在拥挤的人群中,大人的手拉着孩子可以在拥挤人群中不失散,似乎是大人与孩子之间存在着黏聚力。可是进一步观察分析就可以发现,其实是大人的手紧握孩子的手,紧握的压力产生了较大的摩擦力,这才是抗拉与抗剪强度的实质。

3.5　胶结与颗粒接触点化合键

黏土颗粒间可以被胶结物所黏接,这是一种化学键。颗粒间的胶结包括碳、硅、铁的氧化物和有机混合物。其胶结材料可能来源于土本身,也可源于土中水溶液。这种胶结不仅存在于黏性土中,粗颗粒土也会由于胶结而表现出黏聚力。在我国北方地区第四纪中更新统的卵石层中,由于钙质沉积产生胶结与半胶结,形成自生矿物并使沉积物固结,表现出很大黏聚力。

黏土固结后压密卸载形成超固结土，颗粒间接触点形成化合键，可以是离子键、共价键和金属键，其键能很高。

3.6 不同排水条件下的黏聚力

测定土的强度的室内试验通常有直剪试验和三轴试验，对于饱和土根据排水条件可以有固结排水 CD（慢剪）、固结不排水 CU（固结快剪）和不固结不排水 UU（快剪）三种类型的试验。对于某原状的饱和黏土试样，三种试验结果如图11所示。

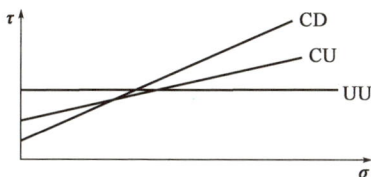

图11 三种不同排水条件的试验强度包线

可见不同的排水条件试验得到的强度包线的黏聚力是不同的，其实 CU 和 UU 试验中黏聚力的一部分是由试验中的超静孔隙水压力引起的，使一部分摩擦强度表现为黏聚力。

可见土的黏聚力是土在莫尔-库仑强度准则下，强度包线与竖坐标的截距，它与土的黏性是不同的概念，宏观上的黏聚力的机理与成分复杂。可能是完全的黏接，如胶结、共价键；也可能是细观的内压力产生的摩擦力，在宏观上表现为黏聚力，如基质吸力、静电引力与范德华力；也可能只是一种表观的黏聚力，如咬合、颗粒破碎产生的强度非线性、不同排水条件等。

④ 土是否可分为两种

在岑参的《走马川行奉送封大夫出师西征》一诗中，写到"走马川行雪海边,平沙莽莽黄入天""一川碎石大如斗,随风满地石乱走",似乎前者说的是细粒土,后者说的是粗粒土,这可能就是成语"飞沙走石"的出处吧。但这是诗人的语言,而不是土力学的语言。"大如斗"的肯定不是碎石,"黄入天"的也不都是小于0.075mm的细颗粒。

在土力学领域中,"土可分为两种"确实是很普遍的说法,但说法各异。在书本、课堂、文章和学术报告中常常可看到或听到这种说法:有的说土可分为"细粒土与粗粒土",有时主张土分为"黏性土与无黏性土",有的认为土应分为"粒状土与黏性土",再具体还有"饱和土与非饱和土""有机土与无机土"等说法。

4.1 细粒土与粗粒土

"土可以分为粗粒土与细粒土两种"是最为普遍的说法。这似乎无懈可击,因为它以大于0.075mm(也有0.060mm之说)颗粒含量是否大于50%为界,只有大于和不大于两种可能。按照《建筑地基基础术语标准》(GB/T 50941—2014)[17],粗粒土是粒径大于0.075mm的颗粒质量超过土粒总质量50%的土;细粒土是粒径大于0.075mm的颗粒质量不超过土粒总质量50%的土。如果根据少数服从多数原则,地球上的土,似乎除了粗粒土就是细粒土了。可是该规范首先将土按有机质含量分类,有机质含量大于60%即为泥炭,既非粗粒土,也非细粒土。

土的颗粒(或粒组)的粒径以0.075mm为界,分为细颗粒与粗颗粒,这是土力学界的共识。但天然土组成极为复杂,地震引发的滑坡与泥石流形成的堰塞坝,可能含有大到几米,小到0.005mm以下的颗粒。颗粒的级配严重影响灾害的危害程度,按粗、细颗粒含量简单地少数服从多数原则将会无法判断。国际上各国之间,国内各行业之间,以及不同的时期,关于土的分类是不尽相同的。在《土的工程分类标准》(GB/T 50145—2007)[13]中,将土分为巨粒类土、粗粒类土与细粒类土三类,其中,粗颗粒含量不大于25%的土称细粒土。另外还划分了巨粒混合土、粗粒混合土和含粗粒的细粒土等,其实用性更强。

我们直观的感觉是粗粒土的内摩擦角较高,压缩性较小,渗透系数很大,黏聚力可忽略。但按照《岩土工程勘察规范》(GB/T 50021—2001)定名的一种级配不连续的碎石土如图12所示[18]。如果其中碎石颗粒质量含量大于50%,不大于65%,则粗颗粒往往不能形成骨架,"悬浮"在细颗粒之中,其物理力学性质,如抗剪强度、渗透系数、液化、渗透变形等将由细颗粒决定。在《水利水电工程地质勘察规范》(GB 50487—2008)中规定[19]:细颗粒含量$P \geq 35\%$的混合土只会发生流土,而不会发生管涌,这是由于粗颗粒不能形成骨架,也就没有骨架间的孔隙通道,细颗粒不能从粗颗粒的孔隙道中被水流带出,不会发生管涌。

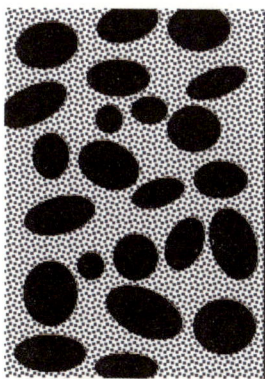

图12　一种级配不连续的碎石土

混合土是普遍存在的,简单地将土分为粗粒土与细粒土是脱离实际的。工业与民用建筑物大多建造在河流的中下游,各层地基土多由水流搬运、沉积而成,沉积的颗粒与当时的水的流速有关,每层土的粒径在一个相对较狭窄的范围,因而分类相对容易。而大型水利水电工程常位于河流上游的河谷,遇到的土多为坡积土、混合土,粒径范围极其宽广。建筑业最关心土的强度与变形特性,而水利水电行业最关心的水的渗流,即防渗与排水。

所以说,把土分为细粒土与粗粒土两类,就像说人是由纯种的白种人及纯种的有色人组成,而不包括任何混血人一样荒谬。

4.2 黏性土与无黏性土

也有人将土力学中的土分为黏性土与无黏性土两种。这在语法上好像是严密的,属于形式逻辑中的非此即彼,应无遗漏,"有"与"无"似乎涵盖了所有土。但辩证逻辑的本质是概念变易与过渡,从低级形态上升到高级形态。

在国内外各种土的工程分类方法中,黏性土主要是由塑性指数I_p确定的,按照《建筑地基基础术语标准》(GB/T 50941—2014)[17],塑性指数$I_p > 10$的细粒土为黏性土;在《土的工程分类标准》(GB/T 50145—2007)[13]中,细粒土进一步按塑性图(图13)分类。其中,在A线与$I_p = 7$线组成的折线之上的细粒土为黏性土,再由液限w_L进一步定义为高、低液限黏性土。这种定义其本质在于黏土矿物含量及活性。

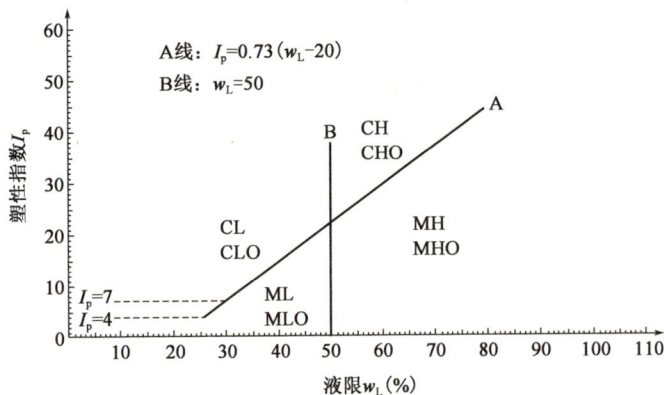

图13 《土的工程分类标准》中细粒土的塑性图

无黏性土是一种大家似乎都明白，却极少有人说明白的名词。有人望文生义，认为无黏性土就应是黏聚力 $c = 0$ 的土。如第3节所述，在地球上，由于重力和仪器中的摩擦等，不可能用试验直接测出 $c = 0$。

《建筑地基基础术语标准》(GB/T 50941—2014)定义无黏性土为颗粒间不具有黏聚力，在抗剪强度中黏聚力可以忽略的粗粒土。这种规定是不严密的，因为是否可以忽略因人而异。但从这句话也可断定，无黏性土只是粗粒土的一部分，另外的部分则不属于无黏性土，当然也不会是黏性土。其实在地球上真正的无黏性土属于"小众"，如试验室与工地中的人工开采或制造的砂石料，沙漠与江河湖海沙滩中的饱和与干燥砂土等，现实的粗粒土由于咬合、强度非线性、基质吸力、胶结及含有细粒土等都具有可观的黏聚力。

黏性土是由塑性指数 I_p 定义的，而无黏性土则主要是根据其黏聚力 c 定义的。二者对应不同的概念与不同的属性。塑性指数属于物性指标；黏聚力属于力学指标。在黏性土与无黏性土之间还存在着广袤的空间，包括全部的粉土，如有时在判断地震液化时，将部分粉土定义为"少黏性土"(黏粒含量 $25\% \geqslant \rho_c > 3\%$；塑性指数 $15 \geqslant I_p > 3$)，同时也普遍存在着具有一定黏聚力的粗粒土[19]。

所以说土分为黏性土与无黏性土两种，就像说人可分为有文化的女人和没文化的男人一样不确切。

4.3　粒状土和黏性土

有人将土分为粒状土(granular soil)和黏性土两种，这也是不确切的。粒状土的说法在土力学中也经常被提到,通常是指砂、砾、卵石、风化岩屑等,似乎等同于粗粒土,但又有其颗粒肉眼可辨的意思,似乎比粗粒土的范围更窄。黏性土与细粒土是不等同的,它只是细粒土中的黏土矿物达到一定数量与活性的那部分。因而黏性土无论在国内外何种规范、标准和体系中,都是按照其塑性指数I_p的数值确定的。粒状土与黏性土之外还有所占比例很大的粉土。

因而说"土是由粒状土与黏性土两种组成的",显然也是不合适的,与讲"人可分健壮的男人与青年女人两类"一样不准确。

4.4 饱和土与非饱和土

这种按饱和度划分,看起来很明确,可惜现实世界却不都是非此即彼的。首先对于"饱和",认定试验室与工程现场是不同的。在试验室,为了使试样达到接近100%的饱和度,要使用浑身解数:自下而上向孔隙压入CO_2,将水煮沸后晾凉,向三轴压力室施加反压等。因为土在不同排水条件下,强度指标随饱和度的变化极其敏感。在现实生活与工程中,通常认为地下水位以下$S_r > 85\%$就称为饱和土,其中含有气泡、溶解于水中的气体等。饱和度为零的土称为干土,只有在试验室的烘箱中烘烤$6 \sim 8h$才能达到。所以天然的干土也极少,看起来是干的土,只能称为"天然风干土"。

因为人们的印象、生活、专业概念、工程实践以及行业不同,对此存在很多不同理解甚至误解,但可以肯定的是:细粒土并不都是黏性土,例如粉土(包括黏质粉土与砂质粉土),即使具有相当数值的黏聚力,也不能称为黏性土;粗粒土也并不都是无黏性土,只有"颗粒间不具有黏聚力,抗剪强度中黏聚力可以忽略的粗粒土"才属于无黏性土。

综上所述,天然土组成极为复杂,简单地按照"少数服从多数",将其分为粗粒土与细粒土在工程中是不适用的。《土的工程分类标准》将土分为三类：巨粒类土、粗粒类土和细粒类土。而每一类中又按颗粒含量分为：

①巨粒类土。巨粒土（巨粒含量＞75%），混合巨粒土（50%＜巨粒含量≤75%），巨粒混合土（15%＜巨粒含量≤50%）。

②砾类与砂类土。砾、砂（细粒含量＜5%），含细粒的砾、砂（5%≤细粒含量＜15%），细粒土质砾、砂（15%≤细粒含量≤50%）。

③细粒类土。细粒土（粗粒组含量≤25%），含粗粒的细粒土（25%＜粗粒组含量≤50%）。

可见这里定名的巨粒土、砾、砂与细粒土分别只占巨粒类、粗粒类与细粒类土中的极少部分，这种分类对土石坝等工程的建设是十分有用的。

❺ 不同类土状态的指标及应用

普遍意义上"土"的物理状态可用一些通用的指标表示，如密度（重度）、孔隙率（孔隙比）、含水率（饱和度）。它们可反映土的松密、软硬、干湿、强弱等物理力学状态。但有些特定的土需要用最能反映其状态及力学性质的特定指标或参数，如相对密度、黏度等。

5.1 无黏性土的相对密度

相对密度是表示土的松密状态的指标，常见的说法有"粗粒土的相对密度""砂土的相对密度"，国外的教材普遍称为"砂砾土的相对密度"。定义为砂砾土的相对密度有一定道理：一是我国确定相对密度的最大、最小干密度试验所用的容器一般为1000～2000mL，粒径较大的颗粒的土料就难以进行试验，所以要求最大粒径不大于5mm，且粒径为 2～5mm 的颗粒质量含量不超过 15%，上述粒径正是易液化砂土的范畴；二是相对密度指标 D_r 最重要的用途在于判定饱和砂土的液化。

但相对密度是以特定土的当前的孔隙比 e（或干密度 ρ_d）与其所能达到的最大、最小孔隙比（干密度）之间的比例关系来表示的，在物理性质上用它表现这种土的松密程度，在力学性质上表示其强度变形特性，这最适合于无黏性土。对于细粒土和有一定胶结的粗粒土，单凭孔隙比间的相对关系是不能唯一地反映这些性质的。现场的原位砂砾土很难实测其干密度或孔隙比，所以更适于室内的土试样和土工构造物的砂砾料，它们都是重塑土。

在 20 世纪的 80—90 年代的"七五"国家科技攻关项目"土质防渗体高土石坝研究"中，当时有几个科研单位与高校用不同尺寸的大型三轴试验仪对小浪底高堆石坝的堆石料进行三轴试验。由于试样的尺寸不同，相似法采用不同缩尺比例来模拟原型堆石料，试样不可能达到原型堆石料填筑后的干密度 ρ_d（2.2～2.3g/cm^3），便商定用相同的相对密度制样。这样就按照模拟料的最大粒径加大相对密度试验的容器，测定最大、最小干密度，而原型堆石料相对密度就在现场进行试验测定。最后各家的试验都按照原型堆石料在现场的相对密度制样，结果具有规律性和可比性，也分析了堆石料不同缩尺和不同模拟方法对其力学性质的影响及其规律。所以，不限于各种规范和标准的约束，扩展为无黏性土的相对密度是完全可以接受的。

那为什么不说是"粗粒土的相对密度"呢？因为其中有胶结的以及含泥量很高的粗粒土，不能用相对密度唯一地反映其强度、模量以及液化可能性。在《岩土工程勘察规范》（GB 50021—2001）中，对于砂土的状态有两种指标评定：一种是相对密度 D_r，疏松为 $D_r \leqslant 1/3$，中密为 $1/3 < D_r \leqslant 2/3$，密实为 $D_r > 2/3$；另一种用于现场砂土，用标准贯入击数 N 来判定其状态，见表2。

砂土密实度分类 表2

标贯击数	密实度	标贯击数	密实度
$N \leqslant 10$	松散	$15 < N \leqslant 30$	中密
$10 < N \leqslant 15$	稍密	$N > 30$	密实

确定相对密度的试验是室内试验，是完全碎散的重塑土样，而原位的砂石土层难以测定原位的孔隙比。同时它们可能经历悠久地质历史，具有一定胶结与黏聚力，即使测出其原位的孔隙比，经室内试验计算出其相对密度，与用标贯击数判断的也没有可比性。只有那些填方的砂土，或者原位颗粒间基本没有联结的无黏性土，两种土密实度的状态判断结果才会较为一致。

5.2　细粒土的黏度界限

在土力学中，有个反映土软硬状态的指标——黏度，对应的就有液限 w_L、塑限 w_p 和缩限 w_s，三者被称为界限含水率。这些界限含水率用于哪种土，目前的认识也不是很清晰，有"黏性土的界限含水率""黏土的界限含水率"等。如果注意到细粒土的分类，则可明确地确定是"细粒土的黏度界限"。

如上所述，细粒土为粒径大于 0.075mm 的颗粒质量不超过土颗粒总质量的50%以上的土。而细粒土进一步分类则是：塑性指数 $I_p > 10$ 的为黏性土，其中 $I_p > 17$ 的为黏土；$10 < I_p \leqslant 17$ 的为粉质黏土；$I_p \leqslant 10$ 的为粉土，其中 $7 < I_p \leqslant 10$ 的为黏质粉土，$3 < I_p \leqslant 7$ 的为砂质粉

土。其中：

$$I_p = w_L - w_p \tag{8}$$

在《土的分类标准》(GB/T 50145—2007)中，细粒土按塑性图进一步分类，见图13。

从两种规范(标准)看，没有细粒土的界限含水率就无法进行细粒土的进一步分类。因而说"细粒土的黏度界限"是准确和必要的。至于采用何种方法测定界限含水率，则可根据相应的标准。

5.3　黏性土按液性指数的状态分类

尽管黏度界限可用于全部细粒土，为细粒土定名。但并不是所有细粒土都按照黏度进行状态分类，只有其中的黏性土才按照黏度进行状态分类。表示黏度的指标是其液性指数，见式(9)。

$$I_L = \frac{w - w_p}{w_L - w_p} \tag{9}$$

黏性土的状态分类见表3。

黏性土的状态分类　　　　　　　　　　　　表3

液性指数	状态	液性指数	状态
$I_L \leqslant 0$	坚硬	$0.75 < I_L \leqslant 1.0$	软塑
$0 < I_L \leqslant 0.25$	硬塑	$I_L > 1.0$	流态
$0.25 < I_L \leqslant 0.75$	可塑		

可见，塑性指数 I_p 是与一种土中的黏土矿物组成有关的固有属性；而液性指数 I_L 则是与黏性土的目前的含水率有关的指标。正如姓氏是一个人此生不变的属性，而年龄则是其不断变化的状态指标。

对于黏性土,决定其渗透性、强度指标和变形特性的是其含有的黏土矿物的种类与数量,以及相应的土中水存在的形态,这时其粒径的大小与级配已经不是决定性的因素。如将石英制成直径小于0.005mm的圆珠,即成为黏粒,那么由它们组成的土是否就是黏土呢?答案是否定的。正如身高为80cm的侏儒不能买儿童票一样。黏土是含有一定数量的黏土矿物的土,尽管黏土颗粒的粒径不大于0.005mm,但更重要的是黏土矿物的颗粒形状为片状,带有分布不平衡的电荷,与土中水及其离子间存在复杂的电化学相互作用。由直径小于0.005mm石英珠组成的"土",其比表面积只有0.44m²/g,而黏土中的蒙脱土比表面积可高达800m²/g。因而黏土的塑性指数可以反映其黏土矿物的种类与含量,其液性指数可以反映其软硬状态。

5.4　粉土的状态分类

粉土既不同于粗粒土,也不同于黏性土。一般来讲,粉土是一种工程性质较差的细粒土,它易液化和渗透变形、冻胀、冲蚀且无论是摩擦力还是黏聚力都不高。它含有的黏土矿物很少,黏性和黏聚力低,液性指数不足以反映它的物理力学和水力学特性。一般采用孔隙比和含水率判断其松密和软硬,其湿度和密实度对粉土的力学、水力特性影响更大、更直接,见表4。

粉土的状态分类　　　　　　　　　　　表4

按孔隙比分类		按湿度(含水率)分类	
孔隙比e	密实度	含水率$w(\%)$	湿度
$e < 0.75$	密实	$w < 20$	稍湿
$0.75 \leqslant e \leqslant 0.9$	中密	$20 \leqslant w \leqslant 30$	湿
$e > 0.9$	稍密	$w > 30$	很湿

⑥ 不同类土的土坡稳定分析

不同土中的土坡稳定分析,可采用不同形式的滑动面。在长条形砂石土坡中,常采用直线或折线滑动面;在均匀的黏性土坡中,则常常采用圆弧滑动面。但这也不是绝对的。

而在本科《土力学》教材中,常常讲砂土的滑动面是直线(平面)的,如图14所示。安全系数的公式为:

$$K = \frac{\tan \varphi}{\tan \alpha} \tag{10}$$

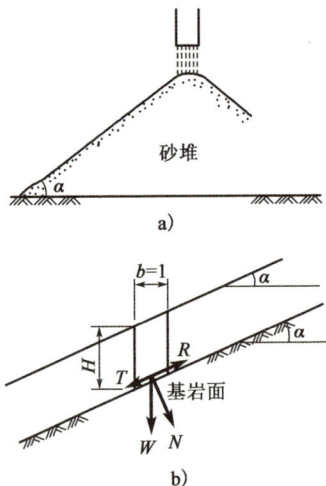

图14 无黏性土的土坡稳定

在《土力学》教材中,对于纯净砂土,其滑动都是平面的滑动,因为本科"土力学"实际上是"重塑土力学",还没有涉及非饱和、结构性、强度的非线性等知识。在实际工程中情况是很复杂的,对于无黏性土坡采用圆弧条分法也是很普遍的,不应误解误导。

(1)无黏性土的强度非线性

大粒径的碎石、块石料在高围压下由于颗粒的破碎,内摩擦角会显著减小,可表示为 $\varphi = \varphi_0 - \Delta\varphi \lg\sigma_3 / p_a$,其中 $\Delta\varphi$ 可超过 $10°$,因而高堆石坝的最危险滑动面都延伸到深层,故采用圆弧滑动面的条分法进行抗滑稳定分析。

（2）高堆石坝稳定分析考虑浸润线

在高堆石坝的上下游坝坡进行运行期的稳定分析时,要结合坝身不同的浸润线进行。在图15a）中,由于蓄水在坝高 1/3 左右,浸润线以下的坝料采用浮重度,而这部分土体的抗滑力矩大于滑动力矩,此时在上游坡,圆弧滑动面是坝体最危险的滑动面；图15b）是沟后水库堆石坝,由于防渗结构破坏,下游浸润线位置极高,分析结果表明,由于存在巨大的渗透力,滑动面2对应的滑动安全系数为 0.919,滑动面3的滑动稳定安全系数为 0.817。可见这种由纯净的无黏性土建成的卵、砾石坝,其最小安全系数的滑动面是深入坝身的圆弧滑动面。

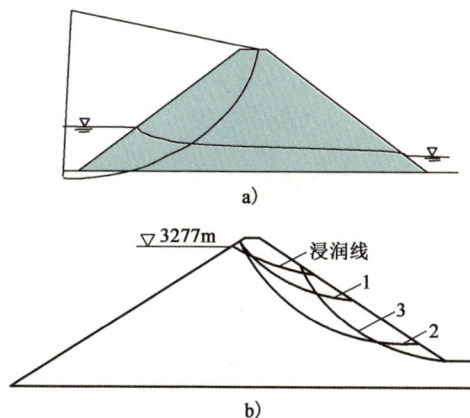

图15　堆石坝上下游坝坡的稳定分析

（3）分区填筑的堆石坝

图16为沟后水库砂砾石面板坝的分区图[15]。

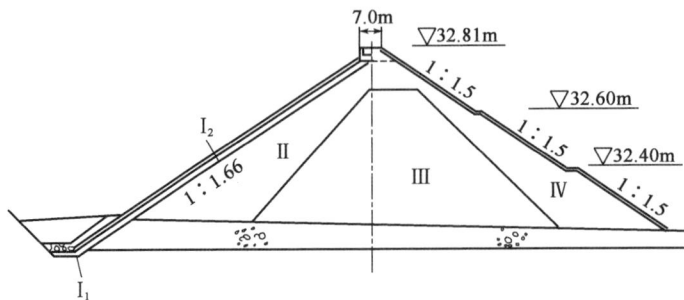

图16　沟后水库砂砾石坝的分区图

在高堆石坝设计中,尽量将渗透系数小的土石料布置在上游或者中间,而把颗粒粗、透水性好的土石料布置在下游,以降低坝身的浸润线,减少渗漏量,加大坝坡的稳定安全系数。

图16表示的是沟后水库的砂砾石坝面板的坝身分区。其中I_1区为特殊区,砂砾石垫层料,最大粒径20mm;I_2区为垫层区,砂砾石垫层料,最大粒径100mm;Ⅱ区为过渡区,采用Ⅱ号料场砂砾石,最大粒径为400mm;Ⅲ区为坝中心部位填料区,新选料场乱漂石料,最大粒径600mm;Ⅳ区为坝下游部位填料区,为隧洞爆破开挖石渣料,最大粒径800mm。

可见坝料全是纯净的砾石、卵石、漂石、堆石等无黏性土,但粒径、颗粒形状、渗透系数、强度指标不同,下游的坝料最粗、内摩擦角最高,因而危险的滑动面是深入坝身内部的圆弧滑动面或任意形状的滑动面。

除了高堆石坝,《建筑边坡工程技术规范》(GB 50330—2013)[20]中的5.2.3提到"计算土质边坡、极软岩、破碎或极破碎岩质边坡的稳定性时,可采用圆弧滑动面"。这里的土质边坡就包括黏性土坡,也包括无黏性土坡,破碎的岩质边坡也是多无黏性的。《碾压土石坝设计规范》(DL/T 5395—2007)[21]第10.3.10条提到"对于均质坝、厚心墙坝、或厚斜墙坝,可采用计及条块间力的简化毕肖普法"。这里的均质坝就包括面板堆石坝。"无黏性土坡的稳定验算也常采用条分法"是很正常的,也是必要的。

⑦ 结论

作为天然材料的土,具有极为复杂的多样性,可谓是千奇百怪,丰富多样,存在着亦此亦彼,非此非彼的情况。人们很难对其严密地定名与分类,也不可能精准地描述它们。《道德经》中的第二句话也适用于土的复杂性:"名可名,非常名",即可清楚明确定名的都是简单的对象,大自然存在着很多界限模糊的事物。

"土力学"本科教材有很大局限性,远远不能反映土的复杂多样性。希望各位岩土工程技术人员不要囿于本行业的知识与经验,要努力拓宽自己的岩土知识领域。

土力学中的实用主义

① 引言

人们普遍认为卡尔·太沙基(Karl Terzaghi)是土力学学科的奠基人,尽管他后来成为美国哈佛大学的教授,但太沙基本人是一位没有脱离工程实践的工程师。他从工程实践出发,删繁就简,深入浅出,提炼出一些实用性很强的理论与方法,通常伴随一些的假设与近似。他在力学的框架下考虑和解决土工问题,往往是尽量趋于实用化,而并不十分在意理论的严密性。

太沙基说过:"令我担忧的是,大多数人认为理论和实验能够代替常识和经验。只要我活着、能思考、会写作,我就要和这一致命的不良学风作斗争"。[22]

譬如,太沙基发现地震时水裹挟着砂土从地面裂缝中喷出,楼房倾斜,而砂土像液体一样失去了抗剪强度。他就思考,这时饱和砂土的

本文曾发表于《岩土工程学报》2018年第40卷第10期。

有效应力应当为零，孔隙水压力承担了砂土总应力，于是提出了饱和砂土的振动液化理论，并且在室内试验中通过振动验证了这一理论。所以，液化的知识是来源于生活与经验。如果一个人学习了液化理论，并与他的生活与工作中接触到的常识与经验相结合，进一步体会、理解，并且在工程中发明了振冲法让饱和松砂地基土密实，防止在地震时液化，这就是正确的土力学学风。如果有人在书本、课堂上学习了液化理论，进行一系列试验，发表了几篇论文，而从不关心现实中的液化问题，那就是太沙基所担忧和反对的学风。

土力学的实用主义倾向引起一些精于数学、力学的学者们的不屑与诟病。由于土的性质的复杂性、影响因素的多样性以及作为天然材料不可控的性质变异性，在解决实际问题时，经典数学与力学往往难以奏效，实用主义也就成为土力学有效的工作方法和极具特色的风格。当然，由于有关土的工程实践领域的扩展和经验与知识的积累，土力学也需要不断发展。

可以看到，在土力学中，被广泛应用的理论与方法都是简单的、实用的，尽管专家们会提出不少更"高级、精确，能反映更多影响因素"的理论、准则、计算方法、模型，却被工程实践所忽视与淘汰，在长期的工程实践中，大浪淘沙，被工程界所接受的仍然是那些最简单实用的理论与方法。

② 关于有效应力原理

太沙基在他的 *Soil Mechanics in Engineering Practice* 一书中，对于著名的饱和土体的有效应力原理写道："Fortunately，although no theoretical basis for Eq. 15.2 ($\sigma = \sigma' + u$) has been found, its empirical basis is so well established that a quantitative knowledge of the interparticle reactions is not needed. "[23]

在欧美广泛使用的"土力学"课程教材 *Craig's Soil Mechanics* 中也指出 "Terzaghi presented his Principle of Effective Stress, an intuitive relationship based on experiment. "[24]也就是说,有效应力原理表示的是"基于土的试验资料的、直观的应力关系"。

有效应力原理确实不是从严密与复杂的微分方程推导而来,也不是从微观的"颗粒间相互作用的定量关系"推导得来的。但实践是检验真理的唯一标准,大量的工程实践经验已经证明了有效应力原理的正确性。例如,预压渗流固结对地基进行加固处理,利用有效应力和总应力强度指标进行土体的稳定分析;对于渗透变形的判断与采取的工程措施,对地基的固结沉降与固结度的预测等一系列工程实践都证明了它的适用性和有效性。该原理已经成为土力学中指导工程实践的最基本、最重要的理论之一[25]。

很多学者也进行了理论、试验和工程测试,指出了混凝土和岩体尽管是多孔的,但非碎散的介质,有效应力原理不能简单照搬使用。非饱和土的有效应力原理的适用性也还没有取得一致的认可,在工程中还未得到应用。

太沙基认为,对于有效应力原理"无需进行土颗粒间相互作用的定量关系的探求",但为了让学生们更好地理解它,目前各种教材中对该原理都利用各种繁简不同的示意图,对颗粒间力的传递进行推导,见图1。

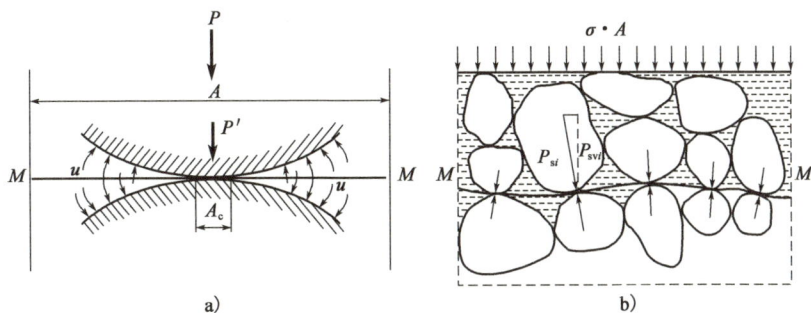

图1　不同教材中有效应力原理推导的示意图

M-M-水平截面;A-假定水平截面面积;P-作用在面积A上的总的垂直荷载;P′-土中的颗粒间接触压力;
A_c-颗粒间接触面积;u-孔隙压力;σ-总应力;P_{si}-第i个颗粒接触面上的总接触力;P_{svi}-P_{si}的竖向分量

有效应力原理被提出后的百余年间,受到过无数的反对、质疑、修改和扩展,其中受质疑最多的是黏性土的有效应力原理,由于黏性土颗粒表面存在着结合水,不会如图1中那样固体颗粒直接接触,人们质疑,有效应力是怎么传递的? 结合水是否能够如自由水一样传递孔隙水压力? 孔隙水压力又是如何传递的? 渗流固结理论主要是用于黏性土,黏性土的有效应力原理还可以表示为 $σ = u + σ'$ 吗? 可是正如太沙基所说的,这一理论在有关黏性土的工程实践中都证明了它的正确性与适用性,那么我们就应放心地使用它。

❸ 土强度的莫尔-库仑理论

关于材料的强度,常见的有"强度准则"与"强度理论"这两种提法。建立材料强度的数学表达式可以称为"强度准则",而反映材料强度的机理的表述则为"强度理论",后者通常也表示为相应的数学公式。当前工程中关于土的强度,广泛使用的仍然是古老的莫尔-库仑(Mohr-Coulomb)强度准则(理论),一般认为这一准则不能反映土强度的非线性,也不能反映中主应力对土的抗剪强度的影响。多年来,土的强度是一个很热门的研究领域,曾有很多土的抗剪强度准则被提出,它们有的能够反映土强度的非线性,也都能够反映中主应力的影响。例如莱特-邓肯(Lade-Duncan)强度准则[26]、松冈-中井(Matsuoka-Nakai)空间滑动面(SMP)强度准则[27]和俞茂宏双剪应力强度理论(统一强度理论)[28]等。可是在工程界不可替代、广泛应用的仍然是莫尔-库仑强度准则。原因在于:一是它的实用性强,表述简单,可用直剪或三轴试验测定其参数,工程设计计算方便简洁;二是它区别于古典强度理论,正确地反映了土抗剪强度的机理——土体的破坏面上的抗剪强度与该面上的正应力有关(呈递增的单值函数关系)。而在一般的工程问题中,认为二者呈线性关系,即库仑公式:

$$\tau_f = c + \sigma_n \tan\varphi \tag{1}$$

式中,τ_f 为土的破坏面上抗剪强度;c 为黏聚力;σ_n 为面上的法向应力;φ 为内摩擦角。

莫尔-库仑准则可以被表示为:

$$\sigma_1 - \sigma_3 = (\sigma_1 + \sigma_3)\sin\varphi + 2c\cos\varphi$$
$$\sigma_1 = \sigma_3 \tan^2\left(45° + \frac{\varphi}{2}\right) + 2c\tan\left(45° + \frac{\varphi}{2}\right) \tag{2}$$

大量的试验结果表明,土的破坏面上抗剪强度 τ_f 与该面上的正应力 σ_n 之间,或三轴试验中的抗剪强度 $(\sigma_1 - \sigma_3)$ 与围压 σ_3 之间并非总是线性关系,尤其是在高压情况下。近年来我国的西南地区先后兴建了一批 200~300m 级的高堆石坝,再加上几十米的深厚覆盖层,其地基中和坝体中的砾石、堆石承受极大的围压,在其稳定分析中不考虑强度的非线性就无法正确地进行设计。图2表示的是几

个高堆石坝堆石材料的非线性强度,可以表示为式(3),其中的 $\Delta\varphi$
可达 $10° \sim 13°$。土的另外一种强度非线性公式表示为式(4),其参
数取值见表1。

$$\varphi = \varphi_0 - \Delta\varphi \lg \frac{\sigma_3}{p_a} \tag{3}$$

$$\tau_f = A\sigma_n^b \tag{4}$$

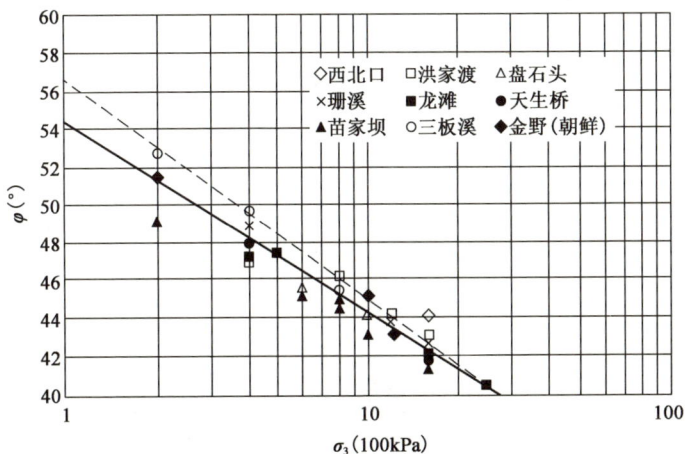

图1 一些高堆石坝材料强度与围压关系

不同堆石料式(4)中的参数值　　　　　　　　　　表1

堆石类型	$A(kPa)$	b
砂岩	6.8	0.67
板岩(好)	5.3	0.75
板岩(差)	3.0	0.77
玄武岩	4.4	0.81

霍尔茨(Robert D. Holtz)指出:"莫尔早在1900年就假设了一个
实际材料的破坏准则,即当破坏面上的剪应力达到了该面上正应力的
某个单值函数时,材料就发生破坏了。"[29]用公式表示为:

$$\tau_{ff} = f(\sigma_{ff}) \tag{5}$$

所以库仑公式假设抗剪强度与其作用面上的正应力呈线性关系，而莫尔-库仑准则已经包含有非线性情况，认为莫尔-库仑强度理论不能反映土抗剪强度的非线性是一种误解。

中主应力 σ_2 对于土的抗剪强度的影响是一个相当古老的课题，相对于 $\sigma_2 = \sigma_3$ 情况（三轴压缩应力状态），中主应力增加会提高土的强度已经成为人们的共识。图2表示的是各种边界条件的真三轴仪试验成果[30]，可见大于小主应力的中主应力确实提高了砂土的内摩擦角，但其定量的规律并不明确。其中，$b = (\sigma_2 - \sigma_3)/(\sigma_1 - \sigma_3)$。

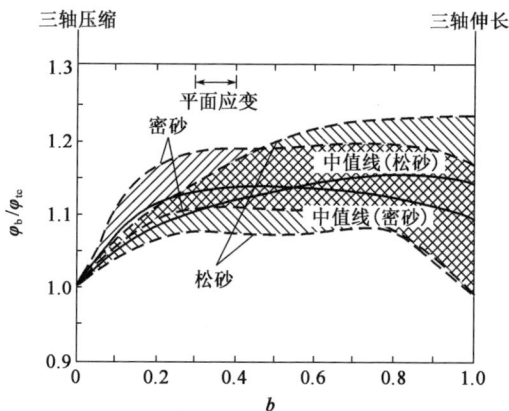

图2　各种真三轴试验揭示的中主应力与土强度关系

从图3可发现，当试验的围压大到一定程度，不同围压下的三轴试验与平面应变试验的砂土内摩擦角基本接近于一个值。另外由于原状土是横观各向同性的，试验表明，主应力方向对抗剪强度的影响常常大于中主应力的影响[31]。可见中主应力对土的抗剪强度的实际影响意义不大，从实用的角度出发，忽略它是偏于安全的，在规定容许安全系数时可以适当考虑这一因素。

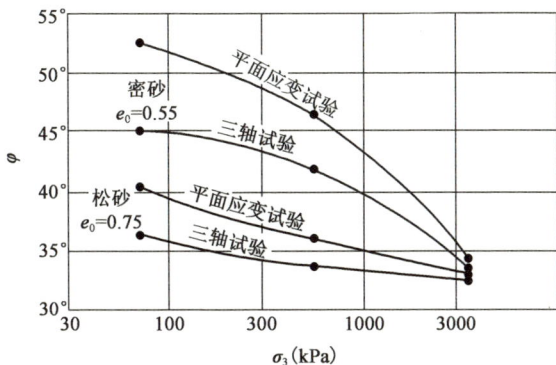

图3　围压与中主应力对土强度的影响

多年来,学术界的专家们提出的土的强度准则与理论层出不穷,它们都考虑了中主应力的影响,图4通过在 π 平面上的强度轨迹表示了其中一些代表性的例子。但是这些精雕细刻的各种土的强度准则与强度理论只是在某些方面揭示了土的强度的影响因素,反映了人们对土的强度的认识,在实际工程中基本没有被采用。用各种所谓"高级"的强度准则去推演土力学中的一切极限平衡课题,由此发表了一大批论文,只能算是自娱自乐,而莫尔-库仑强度准则在工程中的地位仍然岿然不动。

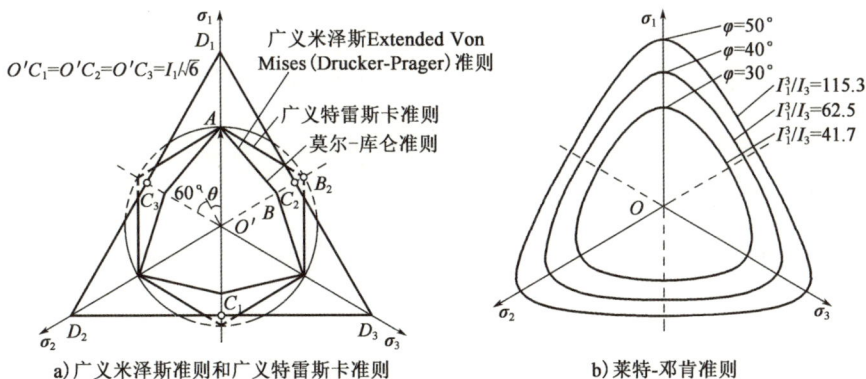

a)广义米泽斯准则和广义特雷斯卡准则　　　　b)莱特-邓肯准则

图　4

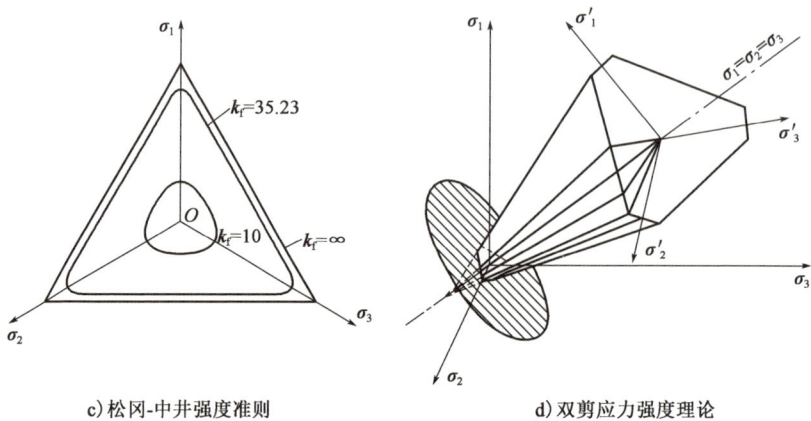

c) 松冈-中井强度准则　　　　d) 双剪应力强度理论

图4　一些土的强度准则

I_1、I_2、I_3-第一、三应力不变量;k_f-强度参数

④ 沉降计算的单向压缩分层总和法

在土力学教学中,最受学生诟病的内容就是沉降计算的单向压缩分层总和法。他们质疑:目前有很多关于土的应力-应变非线性数学模型,有众多计算应力变形的软件,而像分层总和法这种使用很多假设,手工计算,最后用不明来历的系数修正的计算方法,太原始,太低级了。可是到目前为止,各种规范、标准和勘察报告中,建筑物地基的沉降计算还是采用单向压缩的分层总和法。该法作如下基本假定:

(1)假定基底压力为线性分布;

(2)用弹性理论的布辛尼斯克解计算基础中点下地基的附加应力;

(3)土的变形参数为分段常数;

(4)荷载是瞬时施加的;

（5）假定地基只发生单向沉降，即地基土处于侧限应力状态；

（6）只计算主固结沉降，不计瞬时沉降和次固结沉降；

（7）将地基分为若干层，分别计算基础中心点下地基中各分层土的压缩变形量 s_i，则按分层总和法计算的地基沉降量 s' 等于各分层 s_i 之和，即：

$$s' = \sum s_i \qquad (6)$$

（8）考虑上述假定引入的误差，根据荷载水平和地基条件（压缩模量的当量值 $\bar{E}_s$）对计算沉降量 s' 进行修正，得到地基的最终沉降量 s，即：

$$s = \psi_s s' \qquad (7)$$

计算结果要采用"沉降计算经验系数 ψ_s"修正，该经验系数的取值见表2。我在讲授"土力学"课程时，有的同学觉得精心计算的结果竟要乘以1.4～0.2的修正系数不可理喻，从而质疑土力学作为一门"力学"的合理性，称其为"伪科学"。

沉降计算经验系数 ψ_s 取值　　　　　　　　　　　　表2

基底附加压力	E_s(MPa)				
	2.5	4.0	7.0	15.0	20.0
$p_0 \geqslant f_{ak}$	1.4	1.3	1.0	0.4	0.2
$p_0 \leqslant 0.75 f_{ak}$	1.1	1.0	0.7	0.4	0.2

土力学学科建立近百年来，所提出的地基沉降计算方法层出不穷，如图5所示。其中基于理论的方法有弹性理论法；基于现场测试的方法有应变影响系数法、载荷试验法、旁压仪法和静力触探法；实用的方法有斯肯普顿-别伦法[32]、黄文熙法、兰姆的应力路径法、曲线拟合法和剑桥模型的物态边界面法等；数值计算的方法包

括有限元法、差分法和集总参数法（Lumped parameter method）。但是基础工程中的地基沉降计算目前仍然采用最简单的单向压缩分层总和法[30]。

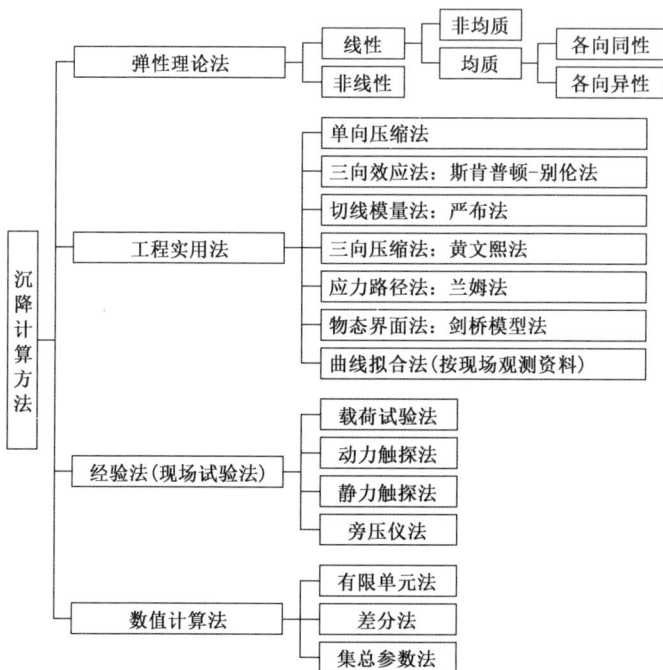

图5　沉降计算的各种方法

其中，斯肯普顿（Skempton）和别伦（Bjerrum）提出了一种"考虑三维效应的分层总和法"[32]，它采用地基各层饱和黏性土在附加应力作用下产生的超静孔隙水压力 Δu 代替地基土的竖向附加应力 $\Delta\sigma_1$。式（8）表示的是均匀地基土单向压缩分层总和法，式（9）是考虑三维效应的分层总和法。

$$s' = \int_0^h m_\mathrm{v} \cdot \Delta\sigma_1 \cdot \mathrm{d}z \approx \sum_{i=1}^n m_\mathrm{v} \cdot \Delta\sigma_1 \cdot h_i \qquad (8)$$

$$s = \int_0^h m_v \cdot \Delta u \cdot \mathrm{d}z = \int_0^h m_v \cdot \Delta\sigma_1 \left[A + (1 - A)\frac{\Delta\sigma_3}{\Delta\sigma_1} \right]\mathrm{d}z$$

$$= \mu_c \int_0^h m_v \cdot \Delta\sigma_1 \mathrm{d}z = \mu_c s' \tag{9}$$

即:$s = \mu_c s'$。

式中:

$$\mu_c = A + (1 - A)\frac{\int_0^h \Delta\sigma_3 \mathrm{d}z}{\int_0^h \Delta\sigma_1 \mathrm{d}z} = A + (1 - A)\alpha \tag{10}$$

Δu 与应力增量的关系见式(11):

$$\Delta u = B[\Delta\sigma_3 + A(\Delta\sigma_1 - \Delta\sigma_3)] \tag{11}$$

对于饱和土孔隙压力系数 $B = 1.0$,而孔隙压力系数 A 与土的模量有直接关系,见表3。

孔隙压力系数 A 与土的软硬关系　　　　　　表3

土类	A(用于计算沉降)
很松的细砂	2~3
灵敏性黏土	1.5~2.5
正常固结黏土	0.7~1.3
轻超固结黏土	0.3~0.7
重超固结黏土	−0.5~0.0

可以看出式(9)中的沉降计算修正系数 μ_c 与沉降计算经验系数 ψ_s 是完全等效的,它表示的是用超静孔隙压力 Δu 代替土的竖向附加应力 $\Delta\sigma_1$ 所计算的沉降量之差。图6是沉降计算的修正系数 μ_c 与孔隙压力系数 A 的关系。

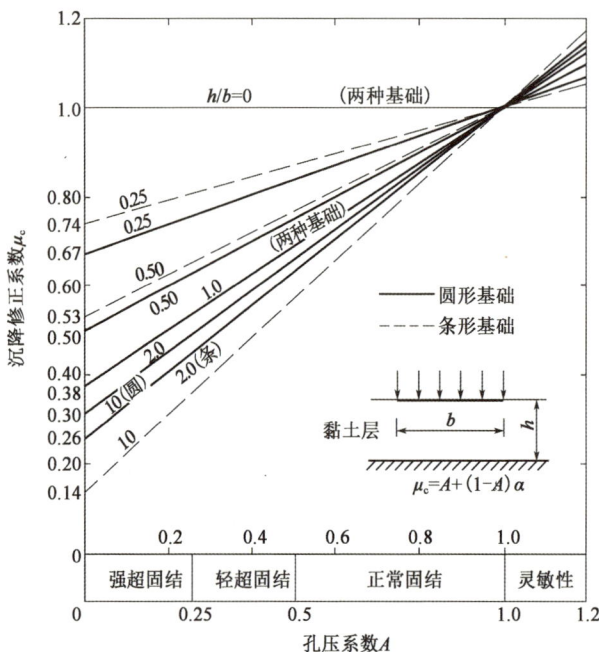

图6 沉降计算修正系数 μ_c 与孔压系数 A 的关系

从表2和图6的对比可以发现：

(1)表2中基底附加压力 p_0 如小于 $0.75f_{ak}$ ，这就表示土的应力与应变范围基本在线性区间内，修正系数 ψ_s 较小;基底附加压力 p_0 如大于 f_{ak} ，则表示在一些区域应力与应变范围已接近屈服，成为非线性，修正系数 ψ_s 加大。

(2)在图6中，当土层厚度与基础宽度之比 $h/b \Rightarrow 0$ 时，亦即趋近于单向压缩时， $\mu_c = 1.0$;对于条形基础， $h/b = 10, A \approx 0$ 时， μ_c 近似为 $0.2, A = 1.2$ 时， μ_c 近似为 1.2 。这与表2中对于硬塑黏性土 $\psi_s = 0.2$ 、对于软塑黏性土 $\psi_s = 1.2$ ，是基本一致的。

可见，单向压缩分层总和法的沉降计算吸取了斯肯普顿-别伦的方法，经验系数 ψ_s 在一定程度上考虑了土体变形的非线性，用容易取得的压缩模量的当量值 $\bar{E}_s$ 取代难以测定的各层土的孔隙压力系数 A_i，由于孔隙压力系数 A 反映了土的剪胀(缩)性，也就是考虑了土体变形的三维效应，可见这里采用了最简单、参数最易于获取的单向压缩的分层总和法，但吸取了其他计算方法的优点，能够反映土的多种变形特性和边界条件，是贴近于工程实际情况的实用主义方法。

❺ 土的本构关系数学模型

土的本构关系数学模型的研究从20世纪60—80年代间呈现出百花齐放的繁荣景象，形成土力学中难得一见的理论研究的热潮，甚至吸引了一些纯力学的学者们游弋于其中。但约20年后，其研究归于沉寂，一些研究的成果也逐渐远离工程应用，成为少数数学爱好者的俱乐部。回顾和总结这些研究成果，可谓大浪淘沙，邓肯-张(Duncan-chang)双曲线非线性模型等少数的几个模型留存了下来，并为工程技术人员所接受和使用，也对后来的超高土石坝等大型土工问题提供了数值计算的理论基础，为岩土工程发展作出了不可磨灭的贡献。

这些被工程界广泛接受的模型有：邓肯和张提出的非线性双曲线模型、剑桥模型、弹性-理想塑性模型和考虑土体剪胀的三参数 K-G 模型等[28]。总结原因，可以发现其规律是：

(1)能反映土的基本变形特点，形式简单，大多是建立在广义胡克定律的基础上；

(2)参数少并易于从基本试验取得，其物理意义清楚；

(3)通过较多的应用，并与实测的数据对比验证，取得经验，形成计算通用软件，得到普及与推广。

我国在改革开放的40多年中,水利水电工程中出现了一批200~300m级的高土石坝,对于这些规模空前的高坝,其稳定和变形数值计算成为必不可少的环节。经过多年的实践和应用,《碾压式土石坝设计规范》(SL 274—2001)❶总结指出[33]:"我国最常用的非线性弹性模型是邓肯和张等人提出的非线性双曲线——指数($E \sim B$)模型。黄文熙提出的清华弹塑性模型、沈珠江提出的南京水科院双屈服面弹塑性模型、成都科技大学提出的非线性弹性修正$K \sim G$模型、河海大学提出的椭圆-抛物线双屈服面模型等也在一定范围得到应用。"目前基坑和地下工程中常用的有邓肯-张双曲线模型、莫尔-库仑模型、修正剑桥弹塑性模型等。

2010年,美国著名的土的本构关系研究专家Poorooshas H B在他的 The last lecture 一文中对土的本构关系研究现状指出:"即使知道了影响土变形的所有因素,我们仍然不能用一个公式准确地表述它们""它们已经在形式上非常复杂,肯定不能用于解决岩土工程的实际问题,目前土的本构模型的研究已经达到了一个开始下降的拐点(The point of diminishing return)""即使是能够反映土的所有变形特性的模型,其计算结果也只能给工程问题一个估计或猜测的答案,所以在很多情况下,用复杂的模型计算的结果与简单的弹性模型计算结果几乎没有差别"[2]。这是一些十分中肯和准确的判断。

土是一种极其复杂的材料,土的本构关系模型常常被岩土工程技术人员视为是神秘而深奥的。模型提出者应立足于实用,删繁就简、深入浅出。完成繁复的试验、理论推演、试错、验证、编程,使其实用

---

❶ 该规范已作废,现行规范版本为《碾压式土石坝设计规范》(SL 274—2020)。

化,交给工程师的应当是浅显的、实用的和有效的工具。不应罗列一大堆方程和参数,使人望而生畏,令工程技术人员望而却步。

建立本构关系数学模型的根本目的是工程应用,有人主张研究建立本构模型也是为了加深对土的应力变形特性的理解。其实增强对土的应力变形特性的理解最有效的途径是进行系统的土工试验,试验可以建立对土性的认识和感觉;可以揭示和发现土在不同应力水平、应力路径和排水条件下的强度变形特性,所以黄文熙先生说"试验资料是永恒的"。而目前我国一些有关"本构模型"的文章,主要还是那些对于土性所知有限的研究生们为了发表论文所做的数学作业。往往是在已有的模型上修修补补,或者以曲线拟合代替模型;自己一般不做试验,从别人的论文曲线上扒数据,用以确定参数又进行"验证"。

有的"模型"力图表现土的所有变形特性,参数多达20多个,且意义不清,确定参数的试验不明。所谓的模型验证,除了引用他人的数据,就是用确定参数的基本试验来进行所谓的"验证"。最后的结果往往是"先射箭,后画靶;打到哪,指到哪",总是"符合得很好"。这些正是太沙基"只要我活着、能思考、会写作,就要与其作斗争的致命的不良学风"。

6 达西定律

图7是达西(Darcy)在19世纪进行的渗透试验示意图。他在进行了同一土样的多组试验以后,得出了式(12)的结果。

$$Q \propto A \frac{\Delta h}{L} \tag{12}$$

式中,Q为试验中的渗透流量,假设达西流速$v = Q/A$,水力坡降

$i = \Delta h/L$，则可得到达西定律的表达式：

$$v = ki \qquad\qquad (13)$$

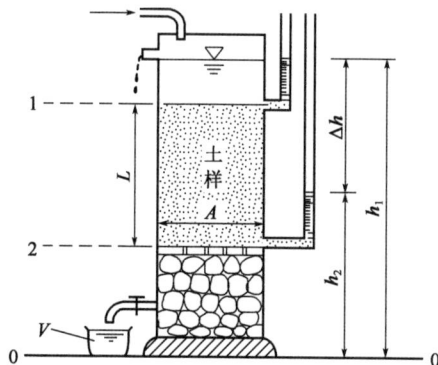

图7　达西的渗透试验

达西定律 $v = ki$ 中的达西流速 v，是渗流流出的总流量 Q 除以试样的总断面 A，它既不是土孔隙中水在渗流方向上的实际平均流速 $v_s = v/n$（n 为土的孔隙率），更不同于水在土的孔隙中的方向与数值不断变化的真实流速 v_e，见图8。所以达西流速 v 也常被说成是表观的、等效的、虚拟的流速。

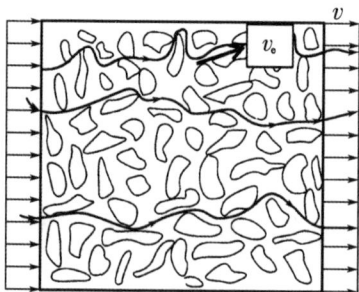

图8　水在土的孔隙中的真实流动

有人认为式（13）无非就是做了一些简单的试验，得到了可以预想到的线性结果，经归纳法整理得出的公式，就称之为"定律"，可见土力学之浅显粗糙。所谓理论、定律，应是经过演绎、抽象、提炼与纯化，揭露出事物的本质与机理，具有普适性，表现了客观世界规律的普遍性。在客观世界中，所有有势的保守场，都有一个普遍的规律，即"流"正比于"势"，反比于"阻"，我们将渗流场中达西定律与电场中欧姆定律对比，可见其形式与意义完全等同。其他如温度场、湿度场、浓度场、大气场，甚至人类社会的人流场、经济场、资金场都有相同的规律。所以，达西定律是这一普遍规律在土力学中的反映与应用。

达西定律中最关键的是渗透系数k，有人从管流出发，对于图9的流动进行了极为细致的研究[30]，从理论上推导出不同土的渗透系数的计算公式：

$$k = \frac{\gamma_w}{C_s S_s^2 T^2} \frac{e^3}{1+e} \tag{14}$$

式中，T为曲折系数；C_s为孔隙通道形状系数；S_s为单位固体颗粒体积的表面积。

从图8可见，其中的曲折系数T与孔隙通道形状系数C_s与颗粒表面积S_s等是随机而混乱，不可测、不可知的参数，不可能从式(14)推导出一种土的渗透系数。正如太沙基所讲："我们能做的最好的就是按照我们的模式去生活、工作，不要浪费时间在无法回答的问题上。这些问题的答案也不会有任何实际作用"。因而渗透系数就按照土力学的实用主义模式，进行室内或室外的试验或测试取得，而不必去回答水在土的孔隙中的真实流速v_e、曲折系数T与孔隙通道形状系数C_s等无法回答的问题。

7 工程实践中的非饱和土

Fredlund 对非饱和土提出基质吸力 $s = u_a - u_w$ 的概念,为非饱和土力学建立了理论基础[16],开拓了土力学的新领域。但它过于复杂,具有很大的不确定性,工程师们往往对其"敬而远之"。

其实,在生活与工程实践中人们遇到非饱和土的机会往往多于饱和土,因而非饱和土并不是"稀有的物种"。我们从地基中取出不同含水率的原状土(几乎不可能是完全饱和的),进行直剪试验、三轴试验与侧限压缩试验,求取其抗剪强度、压缩模量,用于工程设计和稳定变形分析,已经成为惯例,其实基质吸力的影响就含在试样中了,并没有将其分离出来。当然将基质吸力从其受力体系中分离出来,形成双应力体系,对于深入了解非饱和土的强度和变形肯定是有学术价值的。

但是基质吸力的本质是细粒土间水的毛细力的表现,从微观看它实际上是固、液、气三者边界处的分子层次的作用力。在室内用压力板法进行吸力量测时,对罐内的饱和土样施加某压力通过多孔的压力板把孔隙水挤出,使其减小到某一含水率,就认为这个压力的大小等于土样在这个含水率下的基质吸力值。这正如我们用力拧吸水饱和的毛巾,施加一定的力,毛巾还剩有一定的含水率,认为在这个含水率时毛巾的吸力大小数值就等于施加的力,可即使强如西楚霸王也不可能将毛巾拧得如太阳晒得那么干,亦即低于一定的含水率就不是机械力所能排除的了。黏土颗粒表面强结合水(3 层水分子)对应的"吸力"可达 10^6 kPa 的量级,如图 9 所示,其中 θ 为体积含水率,这种吸力在土力学中没有实际力学意义。近年来发现随着堆石料含水率的循环变化,高堆石坝会发生长期变形,这是由粒间水对大颗粒土的润滑作用或使颗粒破碎接触点软化造成的滑移与滚动而发生的变形。这种由含水率变化引起的堆石料的变形就应当与吸力没有关系。

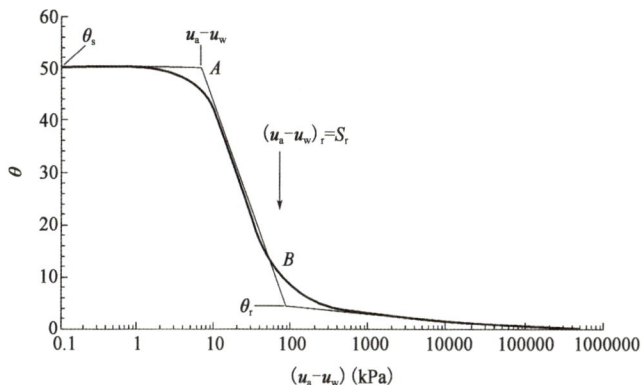

图9 典型土的土-水特征曲线

由于基质吸力与土的强度和变形参数间存在许多不确定性,在室内和野外量测土的吸力也是相当困难的,这就给用吸力来分析计算工程中的非饱和土造成很大困难。一些工程技术人员试图在工程应用上绕开吸力,在已有的强度理论和本构模型中加入含水率(或饱和度)作为一个参数;通过具有不同含水率的同一种土类、同一干密度的试样进行试验,确定定量的经验关系。有人通过一系列试验将常见土类的抗剪强度指标与含水率(饱和度)间建立式(15)表示的关系[34]:

$$\tau = c(w) + \sigma \tan \varphi(w) \qquad (15)$$

式中,w 为土的含水率。研究人员常用图表的形式表示抗剪强度指标与含水率间的关系。当降雨,基坑的侧壁土含水率增大时,可用该式验算其安全系数的减少,预测其安全度。

也可将邓肯-张双曲线模型的主要参数(如模量数 K)建立与含水率的关系,如式(16)所示:

$$E_i = K(w) p_a \left(\frac{\sigma_3}{p_a} \right)^n \qquad (16)$$

由于含水率增大,土产生的变形肯定是不可恢复的塑性应变,在土的弹塑性模型的硬化参数中包括含水率(或饱和度)是很适用的,见式(17):

$$H = f(\varepsilon_{ij}^p, w) \qquad (17)$$

在弹塑性模型中,硬化参数是建立土的应力-应变关系的桥梁,对于一种土料进行增湿试验,其初始含水率为0,在围压 $\sigma_3=100\text{kPa}$、$\sigma_1-\sigma_3=200\text{kPa}$ 的应力状态下,增湿到10%,增湿会增加其轴向应变,土料体积变大。试验与通过弹塑性模型计算的结果见图10[11],将含水率作为变量加到模型硬化参数中的关系式见式(18)。

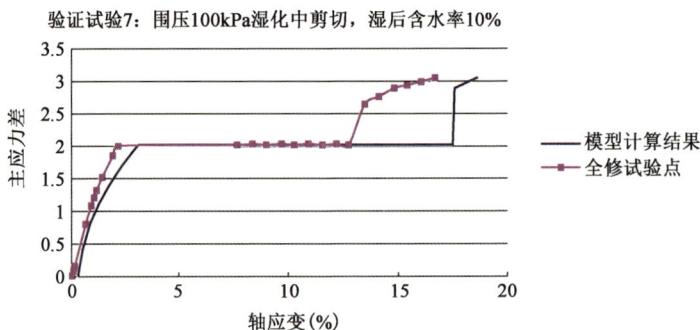

图10 土料的增湿试验与模型计算

$$H = \frac{p_0}{1+k} = \frac{\left\{ \frac{1}{m_4}\left[\frac{\varepsilon_{v0}^{w}}{f_w(w)} \right] \right\}^{\frac{1}{m_5}}}{1+k} \tag{18}$$

式中，k、m_4、m_5 为试验参数；f_w 为一个含水率的函数；p_0 为屈服轨迹与 p 轴上的交点；ε_{v0}^{w} 为在 p_0 点增湿发生的体应变。对于碎石料，含水率变化引起的变形是无法用吸力来描述和分析的，但也可以类似地用含水率作为变量来描述与计算。

❽ 土参数的实用性

土的强度和变形参数通常通过室内试验来求取。但在工程中，我们需要的是通过更贴近于实际工况的试验与测试得到的参数，而不是理论上推导的参数。例如地基土的变形模量与压缩模量，可通过胡克定律推导出的关系：$E_0 = \beta E_s$，其中 $\beta \leq 0$，所以，但工程实际中，往往 $E_0 > E_s$。

济南某项目的地基在 10 多米厚胶结密实的卵石层④下有第⑤层为闪长岩残积土（Q_1^{el}），呈土状与粉细砂状，具塑性，风化程度不均。闪长岩残积土普遍分布，厚度较大，局部为全风化与强风化闪长岩，见图 11。通过取样进行室内压缩试验得到压缩模量 $E_{s1\text{-}2} = 3.76\text{MPa}$，$E_{s3\text{-}6} = 8.6\text{MPa}$，而用深层载荷试验测得的变形模量 $E_0 = 28\text{MPa}$；现场旁压试验结果显示，旁压模量为 $E_0 = 20{\sim}27\text{MPa}$，可见差别之大[10]。通过现场的测试，将原拟的桩基础改为天然地基，建成后，经观测最大沉降只有 10 ~ 20mm。基础方案的调整避免了基桩穿过卵石层和残积土层的困难，也大大降低了造价。近年来，有人一直提倡通过现场载荷试验成果进行沉降计算,无疑是很有见地的[35]。

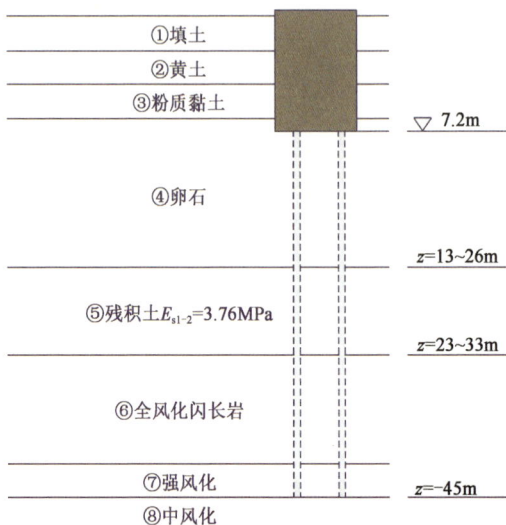

①填土
②黄土
③粉质黏土
▽ 7.2m

④卵石
z=13~26m

⑤残积土E_{s1-2}=3.76MPa
z=23~33m

⑥全风化闪长岩

⑦强风化
z=-45m
⑧中风化

图11 济南万科项目地基土分布

9 土力学的实用主义

　　太沙基在1958年的一次讲演中表达了自己的实用主义信条:"我们获得成就的过程是,也应当是自然而然地按照既定的模式发芽、生长、成熟。我们出生在这个精彩但也令人敬畏的世界,在这个世界里,我们能理解的非常少。"[22]看来他的哲学非常接近于老子的道家思想——道法自然(道可道,非常道)。崇尚实用主义的太沙基创建了实用主义的土力学,它崇尚实践,崇尚经验,崇尚实用,主张靠经验解决问题。实用主义的特点在于它的真理论,冯友兰说:"它的真理论实际是一种不可知论,认识来源于经验,人们所能认识的,只限于经验,至于经验的背后还有什么东西,那是不可知的,也不必问这个问题。"实用主义真正奠基人威廉·詹姆斯首先提出"有用即是真理"。

太沙基的实用主义的土力学,正如在改革开放初期邓小平同志所倡导的"摸着石头过河""不要争论姓社还是姓资""黑猫白猫""实践是检验真理的唯一标准",实际上也是一种实用主义的说法。实践证明它们是现实的,唯物的,也是十分有效的。

在中文语境中,"主义"往往被政治化,成为很危险的东西:它们非对即错、非先进即反动、非革命即反革命。"实用主义"并非洪水猛兽。主张"多研究些问题,少谈些主义"的胡适先生的导师就是美国著名的实用(证)主义者杜威。实用主义是在美国土壤中生长的一个哲学流派,后来成为在美国影响最大的哲学流派。20世纪40年代以前,实用主义在美国哲学中一直占有主导地位,甚至被视为美国的半官方哲学,随后信奉实用主义的哲学家也对实用主义加以改造,它的部分主要论点为一些后起的哲学流派从不同方面、以不同方式做了进一步发展,它在美国至今仍然具有较大的影响。这种哲学思想对于美国的发展强大是有一定贡献的,如特朗普的"美国优先"外交政策就体现出实用主义的思想痕迹。

在岩土工程中,我从1997年开始接触与研究载体桩。这是一种通过柱锤在孔底夯击水泥砂等填料,在深层侧向的约束下挤密桩端土体的夯扩挤密桩。此桩型极大地提高了承载能力,20多年来取得了很大的经济与社会效益。但在2001年编写《复合载体夯扩桩设计规程》(JGJ/T 135—2001)(以下简称《规程》)时,遇到了一个难题。桩的承载力其实很简单:

$$Q_u = Q_{su} + Q_{pu} = u \sum q_{si} l_i + q_p A_p \qquad (19)$$

即桩的总极限承载力 Q_u 等于其总极限侧阻力 Q_{su} 加上总极

限端阻力 Q_{pu}；极限侧阻力等于桩身的侧面积乘以各层土与桩身间的单位极限侧阻力 q_{si}；极限端阻力应当是等于桩端水平投影面积乘以桩端土的单位极限端阻力 q_p。但载体桩是以柱锤的三击贯入度为标准，桩端的"载体"近似一个球形（不同土质大小与形状有别），如图 12 所示，在深部土层约束下，接近填料地基土的击实土体极为密实，所以"载体"的界线很难界定；不同的桩端土体填料量、挤密区都不同，并且无法实际量测，也就是说桩端面积 A_p 无法确定。

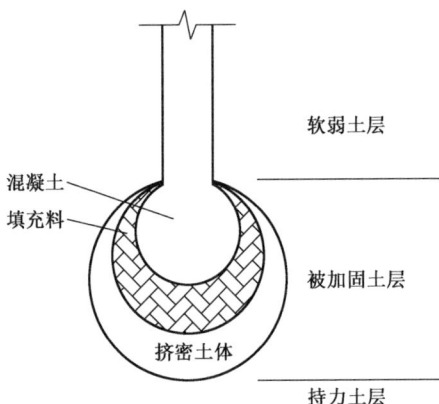

图12　载体桩端示意图

当时已有数百余根单桩抗压承载力的载荷试验结果，我提出用深度修正后的持力层承载力特征值 f_a 除以载荷试验得到的端阻力特征值 $(Q_{pu}/2)$，反算桩端的等效面积 A_e，这一算法在2007年、2018年的《规程》中延续下来，并且将侧阻力也包括在 A_e 之中[36]。这似乎是一种不讲理的方法，因为：

（1）是否可用经深度修正后的浅基础承载力特征值 f_a 代替桩端承载力？

68

（2）随着桩长增加，f_aA_e中的侧阻力所占的部分难以分清。

但是20多年来，该方法普遍推广到全国，已经设计、施工了数十万根桩，积累了很丰富经验。正如黑格尔所说："凡是现实的都是合理的，凡是合理的都是现实的。"按照实用主义的信条：有用即是真理。这种根据数千单桩载荷试验结果，用不是很"正规"的路子得到的实用主义计算方法，至今还在成功应用。

土是一种天然的、碎散的材料，其组成、类型和物理力学性质极其复杂。土又是人类进化以来接触最早、最多的物质，它作为人类的载体、居所、工具、武器与材料，"土爰稼穑"，它也是人类生存之源。人类对于土的依赖，一开始是出于本能的应用与应对，在长期的实践中，实际上是一个长期的"试错"过程，从试错中取得经验，从经验中取得与积累知识，提高认识。所以在与土的长期实践中，实用主义是与生俱来的。土力学的实用主义是在与土打交道过程中所形成的有效的指导思想。

在工业革命之前，人类已经积累了一定的科学技术知识，如牛顿的力学理论，以后形成了一整套经典的力学体系。这些力学在机械、结构等方面得心应手，可以完美地、精确地解决实际问题，于是各种层次的力学成为工科大学的必修课程。这也使一些学生感到掌握了系统的力学就可以精准地解决现实中所有的问题。可是一旦接触了土力学，这种自信就崩塌了，经典的理论常常无能为力，经验的知识占据了"C位"。

我常对学生们说，土力学是一门很"土"的力学。土力学是厚重的、粗犷的、实际的，用经典的、力学的方法学习土力学，脱离实际去热衷于建立数学模型，热衷于数值计算，从边边角角处挖掘课题，是没有出路的。在工程实践中,凡是在岩土工程领域有成就的大师们,都是那些投身于工程现场,热心在实践中学习,积累经验,肯于钻研思考的人。太沙基在土力学领域能取得那么多重要的成就,古德曼讲道:"太沙基几乎遍访世界各地,他将自己的经历以数以万页的信件、日记、随笔、报告、备忘录、讲义、书籍和文章的形式记录下来。"

土力学中实用主义的"有用即是真理",也常表现出它的不严密性和随意性。土力学历史上的各种理论与试验研究与探索并不全是无用与无效的,它们常常是现在实用主义方法的基础。我们提倡处理工程问题要简洁,但不应轻视与抹杀土力学的理论与概念。过分依赖个人的、片面的经验,将复杂的工程问题随意简单化,必将会受到惩罚。"土力学"学科已经建立了一百年,这百年来的世界和科学技术都取得了空前的进展,但是"土力学"在学科的基本内容与框架似乎风光依旧,这是值得我们思考的。

土力学三角形和岩土工程三角形

① 引言

英国著名的土力学专家,伦敦帝国理工学院伯兰德(Burland)教授是太沙基忠实的粉丝。他于1989年所提出的"土力学三角形"(soil mechanics triangle)直观地、形象地表示了经验主义与实用主义在土力学中的地位[37]。在2012年由他主编的英文版 *ICE manual of geotechnical engineering*(《岩土工程手册》)中[38],将其拓宽为"岩土三角形"或译为"岩土工程三角形"(geotechnical triangle)。这本手册内容丰富,实用性强,难能可贵的是,它既包含国际著名的岩土工程大师们的经典论述,也包含丰富的工程案例和经验。中国建筑科学研究院地基基础研究所组织业内两百余位专家学者对其进行翻译,现已付梓。其中岩土工程三角形在该手册第一编的第4章,由伯兰德对之进行了详细

71

阐述,在其余各章也都对其有提及、应用、解读和延伸,俨然成为该手册的指导思想与主旋律,其表达形式见图1。

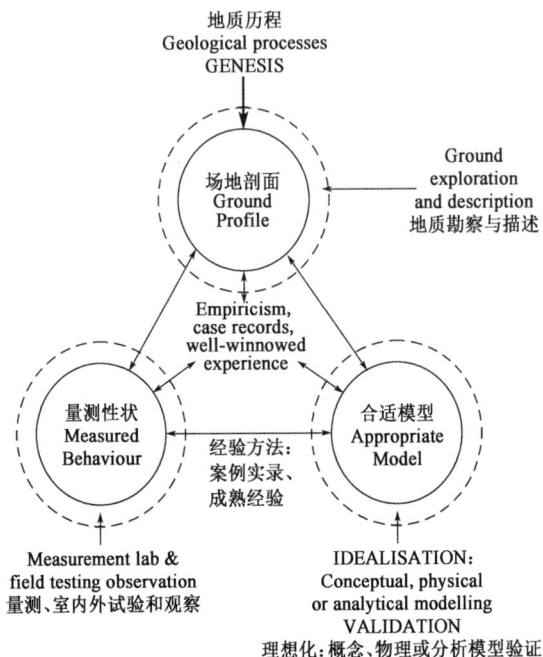

图1 岩土工程三角形

伯兰德指出,太沙基在建立土力学学科时从面临的困难中发现,任何地基基础工程问题都离不开下面三个独立又相互关联的问题:地层剖面(包括地下水条件)、量测到的地层性状(岩土的参数)、用于评估和预测响应的合适的模型,他们分别被置于三角形的三个顶点。

居于岩土工程三角形中心的是经验,即"empiricism","empiricism"常被译为经验主义,这是一个哲学的名词。在中文语境下常常具有政治含义,属于贬义词之列,但在英文语境下并非如此,可译为"经验方法",这是太沙基特别推崇的方法。

如果仔细观察,可以发现三个顶点实际上是三种工具、武器或兵种——地质剖面、岩土参数、理论模型;而占据中心位置的中军帐内才是主帅——通过指令,运筹于帷幄之中,决策于千里之外。正如章鱼(图2)一样,尽管有八个分枝(腕足),而大脑在中心部位。

图2　章鱼八角形

在翻译过程中,有人认为"岩土工程三角形"不太文雅,于是译为"岩土工程三要素"。可是原文对三角形明确指出它有"四个主要组成部分",如果将中心具有支配地位的核心部分舍去,仅保留三条分支,这种买椟还珠的做法岂不成为翻译界最大的败笔?

在《三国演义》中,刘备坚持三请诸葛亮,关羽和张飞都很不理解。拜访了两次还没见到,张飞气愤地说道:"今番不须哥哥去,他如不来,我只用一条麻绳缚将来。"可见他要的只是诸葛的四肢身体,而不是头脑。同样曹操通过绑架其母的方法,逼迫徐庶从刘备处归曹,结果是"徐庶进曹营,一言不发"。同样是只来了身体,不出主意。但曹操营中人才济济,也不一定是靠徐庶出力。其目的就是对刘备釜底抽薪,将其掌舵的军师扣住,只留下刘关张"三要素",刘备就成不了大气候。历史不能假设:如果没有"三顾茅庐",也就没有了《三国演义》这一出流传千古的精彩"历史戏"了。

② 三角形的中心——经验

如上所述,处于岩土工程三角形中心的是 empiricism,即经验主义或经验方法,具体内容包括案例和经验。其中"case records"可译为"案例实录",与"case history"相近,后者译为"历史案例",更加侧重于历史。太沙基曾经讲过:"A well-documented case history should be given as much weight as ten ingenious theories."[39]意思是:一个具有文献详尽的案例应当受到与十个精致理论一样的重视。其所指的"案例"就是指"well-documented"的案例,即①文献资料齐全、详实;②对案例的成败由专家论证给出合理的、形成共识的分析与结论;③案例具有值得借鉴的,具有普遍意义的价值。岩土是人类最早接触的天然材料之一,人们进行岩工程实践,其实就是一个试错的过程,"九折臂而成医兮,吾至今而知其信然"。就是说通过多次亲身经历的失败案例,而成为骨科的专家。同样,神农尝百草,有成功与失败的案例,他做了详细的记录,总结出哪些植物有毒,哪些植物有用,这才有了农业与中医的滥觞。

"天意从来高难问",由于天然岩土材料的复杂性、影响因素的多样性造成不可确知性和一定程度的盲目性,土体变形几乎无法用本构模型+数值计算准确地预测,尤其是对于一些较复杂的情况。记得我某次参加专家会,讨论内容是要开挖一个涵洞,评估它对邻近的地铁首都机场线变形的影响,并且业主方提出线路变形不能超过几毫米,与会专家都没有这方面的经验,很难估算,后来有人查出了北京几处在地铁周边不同距离开挖对地铁线路的沉降影响的观测数据，各位专家视如珍宝。但专家还是难以拍板，最终采用了在涵洞底部随挖随填与开挖土等重量的钢锭这种稳妥而笨重的方法。

在工程案例中，失败的案例（尤其是工程事故）往往更加宝贵。但常常是"有关方面"文过饰非、遮掩封堵，危机公关，限制了有关资料文献的共享与分析。参加评估的专家也会由于种种原因不能或不够准确地剖析与评估，很难达到"well-documented"的水平，这就错过了难得的学习机会，其损失甚至比事故本身还大。

每个人在生活与工作中都会产生很多经验（experience）。这些经验大多数是杂乱的、片面的，局部的，未经思考、琢磨和验证。顾宝和在《岩土工程典型案例述评》[10]的自序中写道，"在理论指导下总结的经验，是全面的、系统的，达到了高级的理性认识阶段，能透过现象见到本质，举一反三"。岩土三角形中写的是"well-winnowed experience"，直译为筛选的经验或者精选的经验，可译为成熟的经验，亦即去芜存菁，去伪存真。这些经验从实践中总结出来，经实践验证，适用条件清楚，所以经验往往是从成功与失败的案例中获得的，在岩土工程中经验的地位是非常崇高的。太沙基特别强调了从理论和经验获得认知的重要性，他说："仅采用经验往往导致大量自相矛盾的事件，但是仅依赖理论在地基基础工程领域中同样毫无价值，因为有太多的相对重要的影响因素只能从经验中学到。"

"Empiricism"常被译为经验主义，经验主义在哲学中与"理性主义"相对。它认为感性经验是知识的来源，一切知识都通过经验而获得,并在经验中得到验证。这与主张知识属于与生俱来的本性的"天赋论",与主张唯有理性推理才能提供最确定的理论知识体系的"理性主义"是相对立的。而在我国经验主义者被丑化为一群滥用片面的经验、在实践中总犯错误的人,其实这是历史上反对"经验主义""教条主义"形成的一种习惯性的误解。

在岩土工程实践中,确有一些片面的、狭隘的工程技术人员,在某种具体工程或某种工法干了很多年,取得一些经验,没有清楚界定其条件而滥用。例如北京的一个 10m 多深基坑,按经验多采用土钉墙支护,可是在市政管线密集的老城区,常常发生事故。而常将结果归于施工的原因,或者根本不分析原因认为是意外。在 20 世纪 80—90 年代,实测基坑支护结构上的应力远小于常规设计值,于是提出和推广黏性土的"水土合算"方法。其实这种情况原因在于:①原状土的结构强度;②墙后土体的应力路径为 $\sigma_1 =$ 常数、$\Delta\sigma_3 < 0$,而不是常规三轴试验的 $\sigma_3 =$ 常数、$\Delta\sigma_1 > 0$,这使固结不排水的应力路径会产生很大的负孔压,内摩擦角大幅度提高;③由于从承压砂土层降水,造成上层黏性土存在向下的渗透力。

❸ 三角形的上顶点

三角形的上顶点是地质勘察。了解场地的地质过程(geological processes),即探知其地质要素发生、形成、变化的过程;进而分析地质成因(genesis)。取得这些的手段就是地质勘探(ground exploration),并通过勘察报告对于场地地质情况(包括岩、土层和地下水的分布)进行描述 (description),并采用地层剖面(ground profile)这一直观的形式反映勘察结果。

地质勘察相当于中医中的"望闻切问",是一种探测与调查,在这方面,西医具有利用其他学科先进技术的优势,各种 X 光、超声波、CT 与核磁共振,以及穿刺、切片等,使"勘察"更准确。目前中医也离不开这些手段。这些检查信息固然重要,但还要反馈到医生、专家那里,通过他们的医学知识和丰富的经验和以前相似案例的对比分析,诊断出病因,给出治疗方案——这就是三角形的中心。

土体与人体一样,是极其复杂的,有个体与群体的差别,有时间与空间的变化,因此岩土勘察也会有误查误判。一种常见的情况是,地质剖面不可能完全准确。在我国的相关规范中规定,建筑场地一般每隔20m打设一个钻孔,但是有纵横两组剖面;地铁线路钻孔间隔为30m;高铁线路桩孔中心间隔为50m,中心一孔与两侧两孔相间隔。对于河流下游滩地与三角洲,土层厚度较为稳定,但对古河床、古池塘及台地交错地段,其土层及地下水分布差异很大,相邻钻孔之间用直线连接会产生极大的误差。

华能玉环电厂烟囱和锅炉房基础为桩筏基础,其中设计5号烟囱基础和锅炉房基础采用嵌岩桩,桩端在⑦层凝灰岩地层。其⑤层为黏性土层,但由于含有大量凝灰岩碎石,结果勘察误判⑤层为凝灰岩强风化层。而施工单位在施工中也没发现这一误判,结果大量原设计的嵌岩桩成为摩擦桩。5号烟囱锅炉的筏基础实际共完成454根桩,桩长43～68m,复查发现其中75根可能嵌岩,其余下部为黏性土⑤、砾砂⑤₂及坡积土⑥等10～30m厚的可压缩土层。最终方案采用由少量嵌岩桩与大量摩擦桩组成桩筏基础,见图3。

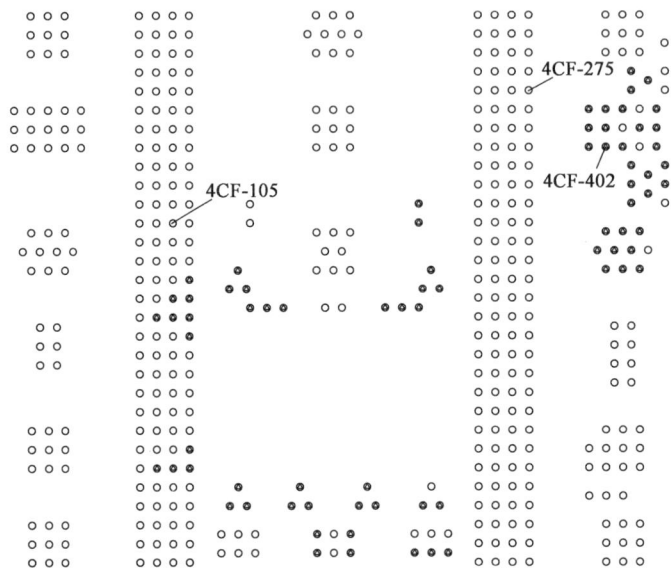

图3　5号烟囱锅炉房的嵌岩桩与摩擦桩布置平面图(深色圆圈为嵌岩桩)

随后,业主聘请专家研讨此问题的解决方法。专家提出这种在刚性厚筏板下夹杂少量的嵌岩桩,由于桩的刚度差别较大,极易引起桩基的"渐进破坏",即嵌岩桩会因应力集中首先断裂,引起桩基整体承载力不足。最后专家建议在嵌岩桩旁补做摩擦桩,严禁桩端达到岩层。

石家庄保利城一期地下车库项目位于石家庄市鹿泉区,结构形式为框架结构,基础形式为独立柱基础,地面采用不隔水的混凝土板。场地于2018年完成勘察,结果显示稳定地下水深为13.5~16.7m,所以车库原设计没有考虑抗浮问题。2021年10月份由于持续降雨,地下车库(深度6m,独立基础)底板出现地面开裂渗水现象,2022年复勘表明地下水埋深为3.0~5.0m,比原勘察的地下水位上升了9m,见图4。

图4 石家庄保利城一期地下车库防水板破坏漏水

会上专家认为,勘察应考虑不同季节的地下水位变化,认真调查历史最高水位和考虑华北地区由于南水北调后可能引起的地下水位提高;建议拆除地下车库底板,增加抗浮锚杆,重新设计防水板。

从上述两个案例可以看到,三角形的顶点与其中心是密切相关的。专家应根据经验判断勘察的合理性,了解工程勘察的局限性。

当勘察出现剖面误判,造成既成工程出现问题时,如何补救需要根据经验进行最合理的处理,这些都充分体现了三角形中心位置的灵魂与主帅地位。

④ 三角形的左顶点

左顶点 Measured behaviour 可译为"量测的性状"。Burland 指出,这方面的工作主要包括物理力学特性的试验和对试验结果的解释。试验方法包括现场量测及室内试验与现场试验,主要以参数、指标等定量的形式描述,用以验证和解释理论。在工程中,施工期和竣工后应对地基和结构变形进行现场观测(field observation),以及对地下水压力和流量进行量测等。开展此项工作通常需要严谨的方法和先进的仪器,并需要在一个适当的理论框架体系内对量测结果进行分析。对土体和岩石的力学行为拥有良好的基本理解也是至关重要的。

值得注意的是,"field testing"应与"in-situ testing"进行区分,前者指现场试验,后者指原位测试。我国现行国家标准《土工试验方法标准》(GB/T 50123)[40]第2.1.9条"原位测试(in-situ testing)"术语的描述是:"在岩土体原来所处的位置,基本保持岩土体的结构、含水率和原位应力状态,直接或间接地测定岩土的工程特性。"所以说载荷试验属于现场试验,而十字板剪切试验则属于该深度某层土的原位试验。

三角形中心对左顶点最关注的一个问题就是室内试验与原位试验的指标。表1是杭州地铁1号线湘湖站的两层淤泥土不排水强度指标,可见原位的十字板剪切试验得到的c_u明显大于室内不排水三轴试验与快剪试验的结果,甚至大于无侧限抗压试验的结果(应$q_c = 2c_u$)。

其主要原因在于室内试验的土试样经过取样的扰动,并在运送、储存过程出现失水与回弹,且试验过程控制条件不规范。所以在设计中原位试验的指标应优先考虑应用。

④₁和⑥₂层土不同试验的强度指标　　　　表1

土层	三轴不固结不排水试验		无侧限抗压强度	十字板剪切试验	快剪试验	
	c_u(kPa)	φ_u(°)	q_c(kPa)	c_u(kPa)	c_q	φ_q
④₂	11.0	0.2	25.34	28.4	8.1	6.1
⑥₁	9.0	0.4	24.06	34.1	7.1	8.3

济南万科化纤厂路项目中,在胶结卵石层④下有一层闪长岩残积土⑤。勘察单位通过室内侧限压缩试验给出压缩模量$E_{S1-2} = 3.8$MPa,$E_{S3-6} = 8.6$MPa。而通过现场深层载荷试验和旁压试验得到

的变形模量 E_0 为 27~28MPa。

顾宝和大师总结道,残积土是一种特殊土,其形成机制、物质组成、工程特性均与一般沉积土有较大区别。岩石风化后在原地残留,未经搬运和分选,它或多或少保留着岩石的残余凝聚力(即结构强度);残积土一般很不均匀,夹杂有硬质岩块,尺寸很小的试样代表性不足,而在大试样中,岩石颗粒本身的压缩量为零,可压缩的只是其中的细粒部分。在西南地区的高土石坝中,在黏性土中掺加40%左右的碎石作防渗料,其压缩性将大大减小。

残积土的压缩性现在还常常用压缩模量来表示,用室内侧限压缩试验测定。取样极易扰动,特别是残余凝聚力或结构强度极易受到破坏。因此,应以原位测试为主,如标准贯入试验、动力触探、旁压试验、载荷试验等,以载荷试验成果作为确定地基承载力和变形参数的主要依据。有经验的岩土工程师常根据土的物理性指标估计土的力学性质,但应注意,来自一般沉积土的经验不一定适用于特殊土。本案例闪长岩残积土的平均孔隙比 e 为 1.34,对一般黏性土可判断为相当软弱,但本案例则并非如此,但其标贯击数平均为 15.7,这与 $E_{s1-2}=3.8$MPa 是完全不匹配的。广东省是对于花岗岩残积土、全风化及强风化花岗岩最有经验的地方,其《建筑地基基础设计规范》(DBJ 15-31—2016)中[41],建议采用经验公式(1),通过标贯击数 N 计算其变形模量 E_0:

$$E_0 = \alpha N \tag{1}$$

对于 $10 < N \leqslant 25$,系数 $\alpha = 20$。根据上述工程的勘察报告,全风化花岗岩层的标贯击数标准值 $N = 15.7$,则 $E_0 = 31$MPa 左右,与原位试验结果一致。关于残积土的模量在我国有很成熟的评价

方法,并有大量案例可以验证,很多地方标准都有其经验公式或取值方法。

有些勘察或设计中土的指标明显不合理,这也是三角形中心应当干预的。例如北京市西南郊区某基坑需进行人工降水,负责基坑降水的单位判断粉土与粉质黏土层垂直渗透系数 k_v 远远大于水平渗透系数 k_h,估计渗透系数为 2m/d(即 $2.3×10^{-3}$cm/s),这显然违反了常识。垂直渗透系数远大于水平渗透系数的是黄土,这里是一般的粉土和粉质黏土,由冲洪积形成,垂直渗透系数一般小于水平渗透系数,粉土和粉质黏土的渗透系数也根本不可能达到 2m/d。

三角形中心对于左顶点是极其重要的。具有丰富经验、深厚阅历的专家,能够选择合适的试验手段与方法验证理论,对于各种岩土的物理力学参数具有本能的判断,也可以敏锐地发现不合理的试验结果。他们另一种能力就是能够正确地选择设计参数,比如一个抗滑稳定分析应当采用排水(CD)、固结不排水(CU)还是不排水强度指标(UU),或对于建筑物的沉降计算,他们能够选择合理的参数及其测定方法,也能凭经验预估不同基础形式建筑物的沉降量范围,对于计算与观测沉降给予合理的评估。

⑤ 三角形的右顶点

三角形右顶点为"appropriate model",译为"合适的模型",合适的模型可能是构建模型与选择模型,它包括概念(conceptual)模型、数学模型、物理(physical)模型和分析(analytical)模型。其过程包括:

(1)对具体的几何信息、材料属性和荷载进行理想化(idealise)或

简化(simplify);

（2）基于理想化应用与建立模型，然后利用模型就可以进行分析并预测响应；

（3）该过程可能涉及多次迭代。在工程中，右顶点其实就是一些在分析、设计计算问题时对问题进行合理的抽象化与理想化，其目的是选择优化方案，给出满足承载能力与正常使用极限状态的要求的方案，提交反映方案的设计图。在具体工程中，中心与右顶点的关系就是正确地、因地制宜地判断与选用设计计算模型与方法。

6 三角形的两种解读

6.1 解读1

如上所述，波兰德早期初始提出的是《土力学三角形》(soil mechanics triangle)，随后改为"geotechnical triangle"（岩土三角形或译为岩土工程三角形）。土力学三角形或岩土三角形是站在学科与整体专业知识体系的高度，展示了该学科与专业知识体系形成、生长、壮大和发展的正确路线与模式，充分体现了这一学科的独特性。

处于三角形中心的是经验（包括案例），它是取得和发展土力学知识与学科的唯一途径；经验对于判断、验证和正确使用其他三个顶点具有决策地位。岩土实践历史悠久，人类长期以土作为工具、武器、材料、载体、居所、生活之源，人类在"试错"中了解与认识土，从案例中取得经验。

中心与上顶点的关系：土力学学科就是工程地质+经典力学理

论+碎散介质特性的综合,土力学的主角与对象——土就是地质历史的产物,各种《土力学》教材的第一章就表明了这一点。

中心与左顶点的关系:作为自然的产物,想要了解土的物理力学特性并对其进行定量的描述,室内试验与现场测试是重要的手段,而这些试验及其结果也要靠经验来选用。

中心与右顶点的关系:反映、表述土的特性,定量地计算、预测、设计,靠建立数学模型、物理模型、计算模型等。这些成果也要根据经验判断、取舍、优化。

因此,可以说这个三角形是太沙基的实用主义土力学的图解法。太沙基曾说过,"生活和经验教会了我无法从理论和实验中学到的知识""我提出理论,然后开展试验来验证这些理论"。

图5就是用三角形对太沙基有效应力原理的图解。据说有一天下雨,太沙基急于赶路,在一黏土路上滑倒了,他没有急于爬起来,也无视路人的围观与关切,而是坐在那里先看较光滑的鞋底,又观察到饱和黏土路面上的滑痕。结论是滑倒是由于鞋底与黏土界面间没有提供足够的摩擦力;自己步伐较快,鞋底压在地面时,瞬时自重应力由土中水的超静孔隙水压力承担,后蹬时有效正应力近于零,不能提供摩擦力。这样,他就感到在这种情况下,自重荷载首先由超静孔隙水压力承担,只有放慢步伐脚底下的压力才可能随着孔压的消散,而转化为土骨架的有效应力。

他回去后,先用那里的饱和黏土进行快剪试验,结果 $\varphi_q = 0°$;又用火柴盒进行了固结试验,发现果然超静孔隙水压力消散需很长时间。在此基础上,他建立了式(2)的数学模型与图6的物理模型。这就是他从生活中得出的经验,然后思考原因、建立理论、开展试验,提出了"有效应力原理"和"饱和土体的一维渗流固结理论"。

$$\sigma = \sigma' + u \qquad (2)$$

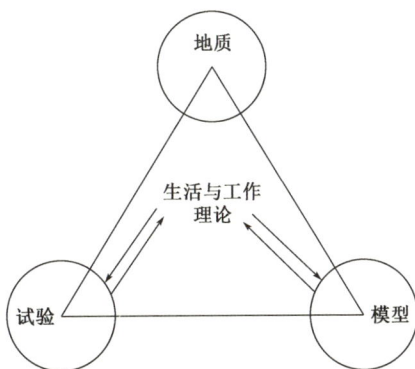

图5 太沙基有效应力原理形成的图解

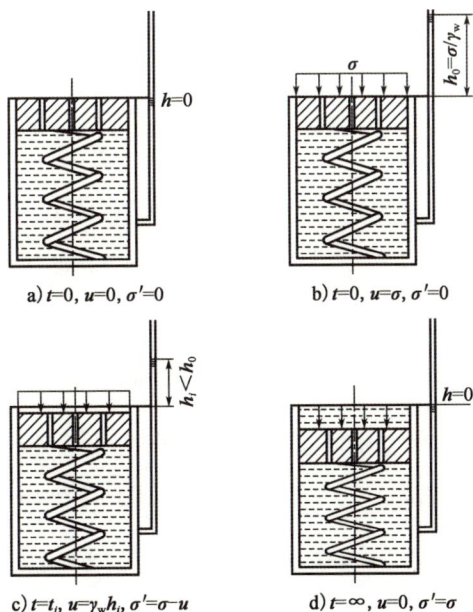

a) $t=0$, $u=0$, $\sigma'=0$ b) $t=0$, $u=\sigma$, $\sigma'=0$

c) $t=t_i$, $u=\gamma_w h_i$, $\sigma'=\sigma-u$ d) $t=\infty$, $u=0$, $\sigma'=\sigma$

图6 饱和土体的一维渗流固结模型

6.2 解读2

将 geotechnical triangle 译为"岩土工程三角形",在《岩土工程手册》中,面对的主要是广大工程技术人员,更突出是以工程为对象。所以三角形对于岩土工程实体或具体工程项目的运行和操作有指导意义。这时三角形更多地表现为岩土工程的项目组成、任务及运行机构。如果对于某一个具体工程项目,则更狭义地被视为勘察、测试、设计计算如何在经验丰富、阅历深厚的总工程师的指导下合理有序地运行。对于某项具体工程,岩土工程三角形可表示为图7。

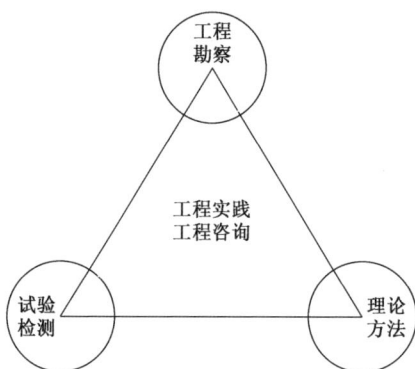

图7 针对具体工程的岩土工程三角形

在具体工程中如何实现这个三角形的正常运行,国外可以通过咨询公司及咨询工程师运作。古德曼(Goodman)说道:"太沙基从地质勘探到工程施工、竣工阶段的监测工作,自始至终都是以'咨询工程师'的姿态,悉心探索工程中的宏观问题,"[22]也就是说他一生都在这个三角形中心探索、解惑、创新。咨询公司与咨询工程师通过其专业技术和丰富的实践经验,在工程建设的各个阶段和环节为客户提供全方位的指导和服务。这种工程全过程的服务是基于其具有各方面的高层次人才,积累了更丰富的实践工作经验,也更能够实现对三角形中各要素间的联系与沟通。同时也以极其有效的方式积累经验和资料。

表2是德国国际咨询服务公司全过程服务中各阶段的内容及酬金比例。

德国国际咨询服务公司全过程服务中
各阶段的内容及酬金比例   表2

服务阶段	工程各阶段服务内容	酬金比例
1	基本数据和资料准备	3%
2	规划和初步设计	7%
3	深化设计	11%
4	审批设计	6%
5	施工图设计	25%
6	工程施工招标发包准备	10%
7	招标发包工作	4%
8	施工监控、验收和相关的设计与工程管理工作	31%
9	保修期的工程巡查和建档,以及相关的设计与工程管理工作	3%

在我国,40年轰轰烈烈的土木建筑工程热潮中,咨询公司的工作模式一直没有建立起来。顾宝和大师在其《岩土之问》一书中痛心地问道:"当年以咨询公司为目标模式,为什么40年不能到位? 为什么外国能够正常运转,而在中国不能生根、不能发展?"[5]

一直以来,我国的岩土工程三角形的中心位置留给审图及专家咨询、评估会,依靠他们的专业能力与经验解决一些疑难问题。而右顶点则常常为各种规范、标准与商业软件所占据,如图8所示。所以,现在的设计工作,首先要找相应的规范,然后采用由理正等公司按照规范编制出版的软件,输入边界条件和数据,即可达到合规(但不一定合理)的设计文件。

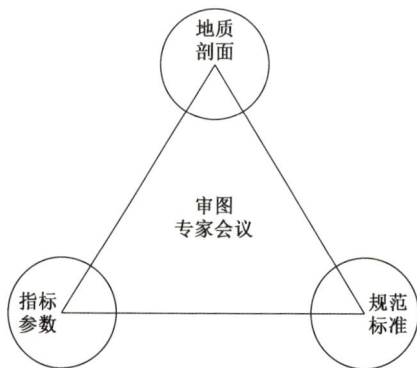

图8　我国的岩土工程三角形

我看到一些工程设计计算书的思路也很简单,设计靠规范,计算靠软件,绘图靠软件,甚至招、投标书,设计计算书也都有现成的模板可套。在大约20年前,我国各城市争建地铁,形成高潮,设计部门中初出茅庐的学生也都上阵;而当时我国在软土地基中的地铁基坑工程经验与案例和经验不多,结果是事故频发,这就是三角形的中心不能有效地指导右顶点。各类标准规范有很多不对、不确、不清的问题,需要进行更多的研究,以不断完善相关规定。

在国外,一般具有强制性条文的规范(specification or code)主要涉及一些安全及工程伦理方面的内容;而涉及具体的设计计算方法、理论、模型等则以指南、准则、手册(guideline, manual or handbook)等形式供参考应用,发生问题还要求设计者自己负责。在我国的工程设计中,官方发布了大量的规范、规程、标准,其中具体规定了工程设计计算的方法、公式、模型、参数。在进行设计审图时,如果未按相关规范设计计算,就会通不过;如果采用了规范、标准中没有的新技术、新方法、新理念,就会被视为非法。

在《建筑基坑支护技术规程》(JGJ 120—2012)[42]中,支护结构后的主动土压力计算公式为:

$$p_a = K_a(\gamma z + q) - 2c\sqrt{K_a} \tag{3}$$

式中规定采用固结不排水强度指标,对于正常固结地基土,在长期地质年代中其自重应力已经充分固结,采用 γz 计算主动土压力(水土合算)也很勉强;但支挡结构后的地面上的超载 q 包括既有建筑物基础、施工临时堆土和建材、运土车辆、施工机械荷载等。这些荷载的情况十分复杂,时空变化很大。例如邻近建筑物可能已建成几十年,地基土已经基本固结;而基坑边的临时堆土、车辆和机械、建材堆放、相邻道路上的来往车辆以及附近新建楼房产生的荷载,这些荷载施加的时间不长,在饱和黏性土中不可能达到完全固结,因此采用固结不排水或固结快剪强度指标计算土压力和进行稳定分析,是不合适和不安全的,在饱和土体上的大面积超载 q 将产生超静孔隙水压力 $\Delta u = q$。[43]

在杭州地铁1号线湘湖站的事故中,当时紧贴西部基坑地下连续墙支护的风情大道上交通繁忙,施工机械与材料堆载也很严重,见图9。基坑下部为高灵敏度饱和的淤泥质土,设计超载 $q = 30\text{kPa}$,按照固结不排水强度指标计算主动土压力荷载,三层土的内摩擦角 φ_{cu} 分别为 $11.9°$、$13.6°$、$18.2°$,而不是 $\varphi_{uu} = 0°$。由于设计单位当时按照规范设计,因此这错算的荷载没有被追究责任。

图9　杭州地铁失事基坑的西侧

在《建筑基坑支护技术规程》(JGJ 120—2012)中,对于一层深厚的饱和黏土,在图10的 $H + t$ 范围内都是该层土,勘察报告给出了这层土的 c_{cu} 和 φ_{cu},如图中 $z = z'$,则在计算主动与被动土压力时,M 与 M' 点处具有完全相同的抗剪强度,这显然不合理,应有正常固结与超固结之分。M' 处的竖向固结应力为 $\gamma'(H + z)$,M 处的竖向固结应力为 $\gamma'z$。

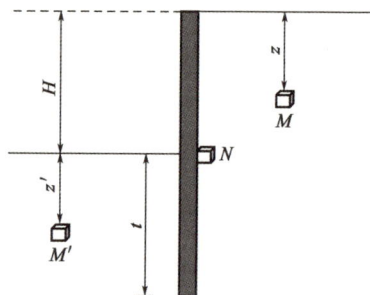

图10　支挡结构前后主动区与被动区土的强度

❼ 结论

伯兰德提出的"土力学三角形"(soil mechanics triangle)是太沙基实用主义与经验主义土力学的图解,充分体现了太沙基对于土力学学

90

科的深刻认识；同时这个三角形确立了经验（empiricism）不可替代的核心位置。

对于"三角形"可以有两种不同的解读与认识，其一是对于土力学与岩土工程学科的特点、运行和发展的认识；其二是三角形对于岩土工程实践中的运行模式，这时三角形表现为以有丰富经验与阅历、有敏感的预测能力和宽阔视野的高水平专家为主体，岩土工程的项目协调、灵活与有效的运行机构。而对于一个具体工程项目，则更狭义地被视为勘察、测试、设计计算三部门如何在经验丰富、阅历深厚的高级工程师的指导下合理有序地运行。

在我国，在作为岩土工程门面与庙堂的一些学报、各类讲座上，可以看出理论与试验战胜了经验，而将有意义的重大工程、成功或失败的案例以及具有丰富工程经验的大师们挤到这些庙堂之外。

近百年来，从宏观到微观、细观，从地面到深海，从大陆到岛礁，从地球到月球、火星，土力学与岩土工程确实在发展、拓宽、深入。但对于大自然产物的岩与土，其知识永远不会为精准的数学、力学及高精尖的技术与仪器所统治。从旧石器时代到如今300m级高土石坝的兴建，人们的土力学知识不断在实践和试错中积累。即使千百年后人类到宇宙中其他星球上结庐筑巢，还要重复这个三角形的基本思想与技术路线。

初始各向同性砂土试样的制备

❶ 引言

在地球或者任何有重力场的星球上，土的各向异性几乎就是不可避免的。天然的粒状土颗粒既不是完全均匀的，也不是标准的球形。即使是矿物结晶均匀的石英砂，其颗粒的平均长径比也在1.39左右，即身材是颀长的。在重力场中，它们立起时重心最高，是势能最高的状态，也是不稳定的状态；而卧倒时重心最低，是能量最低状态，也是最稳定的状态。如图1所示。所以图1中右侧的状态如同在平面上立起鸡蛋一样，是小概率事件。

在砂土的颗粒群中，颗粒呈千姿百态，但多数是乐于躺倒而非直立，如图2所示。个别直立者也是"一个篱笆三个桩"才能站稳，一有

本文曾发表于《岩土工程师》(现更名为《岩土工程技术》)1994年第2期。

风吹草动就会躺倒。

图1　颗粒卧倒与立起

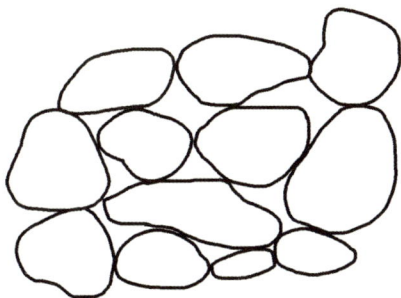

图2　颗粒群中各自的姿态

图3统计了在自然状态下,砂颗粒长轴的倾角 θ,可见它在 $-30° \sim +30°$ 的颗粒占更大的比例。其实人们也都是倾向于降低自己的重心,所以有句俗语说:"好吃不如饺子,坐着不如倒着。"人要彻底休息时总是躺着,并且倾向于仰卧(重心最低,背越式跳高就比俯卧式跳得高)。如果受限而无法完全仰卧,倾斜的半卧状态(葛优躺)也是很舒适的:其实所谓的"舒适",一是将重心放低,二是使接触面积加大,将自重分担到邻近颗粒上,保持自身稳定,减小应力集中。那种"站如松,坐如钟"的英姿是在练功夫。

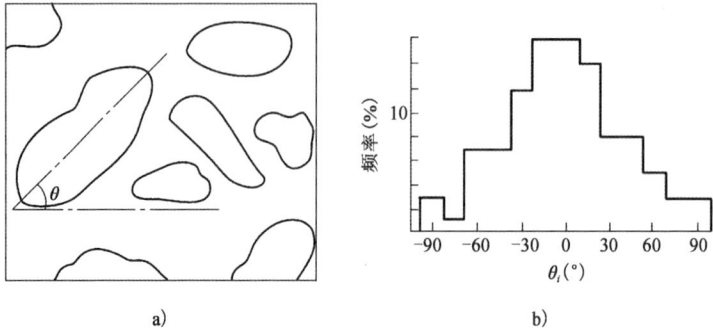

图3　粗粒土的空间定向

粒状土颗粒的这种排列状态就会造成其强度与变形的各向异性,由于大地被认为是半无限的平面,所以土的这种各向异性被称为横观各向同性,即在水平面各方向是各向同性的。在图4中,由于制样的原因,颗粒几乎全部躺平。在竖向应力作用下,颗粒间基本是紧密接触的,而颗粒矿物本身的压缩应变很小,所以土的竖向模量很大;而在水平方向施加应力时,由于颗粒间水平向几乎都有间隙,颗粒就会有很大的水平移动空间,所以其压缩模量较低。这就是为什么现场测试中,旁压模量总是低于竖向载荷试验测定的变形模量的原因。当水平向剪切时,由于颗粒接触点的合力倾角大,水平分量小,颗粒间滑动摩擦占主要部分,抗剪强度不高;当水平向加压力,竖向剪切时,颗粒接触间接触点的合力与剪切面夹角小,抗剪的分力大,亦即颗粒间咬合力增加了抗剪强度。从图5中可以看出,黏性土抗剪强度也具有相同的性质。

即使是由标准的球状颗粒组成的均匀粒状土,其性质也多是各向异性的。图6为这种土颗粒的几种可能的排列方式,不同颗粒的排列方式也会产生土的各向异性。

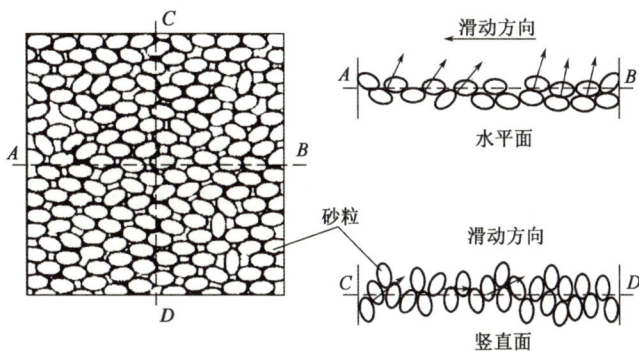

图4　砂颗粒的排列造成抗剪强度的各向异性

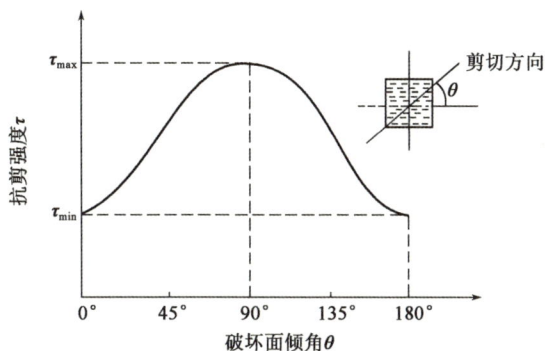

图5　黏性土的直剪试验

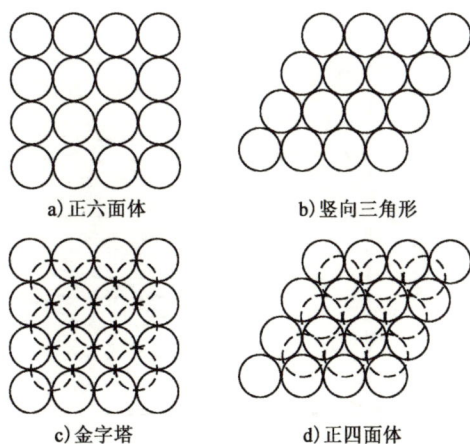

a) 正六面体　　　　　　b) 竖向三角形

c) 金字塔　　　　　　d) 正四面体

图6　均匀球形颗粒土的四种排列

图6中的a)与b)可看作侧视面,c)与d)是俯视图。图6a)初始是各向同性的,在水平方向单位长度与竖直方向单位长度颗粒的数目数是一样的,但是其状态不稳定,一有风吹草动,尤其是震动,就会变为其他排列;图6b)中,水平方向颗粒排列与图6a)相同,所以竖直向单位长度的颗粒数要多,亦即密度大,因而在竖向的压缩性小。

粒状土在室内制样,不同的制样方法也会产生不同程度的各向异性。图7为两种不同制样方法试样的三轴试验结果。这是一种颗粒圆滑的均匀砂土,颗粒粒径为0.85～1.19mm,平均长径比为1.45,试样孔隙比为$e = 0.64$,是比较密实的砂土。

两种制样方法一种是竖向夯击,另一种是在金属制样模外敲击振动,后一种方法会使颗粒中的长轴方向更倾向水平向,类似于图4的情况,也就是有更强的各向异性。所以在三轴试验中其峰值强度更高,具有更强的剪胀性。如图7所示,由于三轴试验剪切面较陡,类似于图5中的竖直面剪切,其峰值强度更高;由于会使很多咬合的颗粒转动,也会造成剪胀。

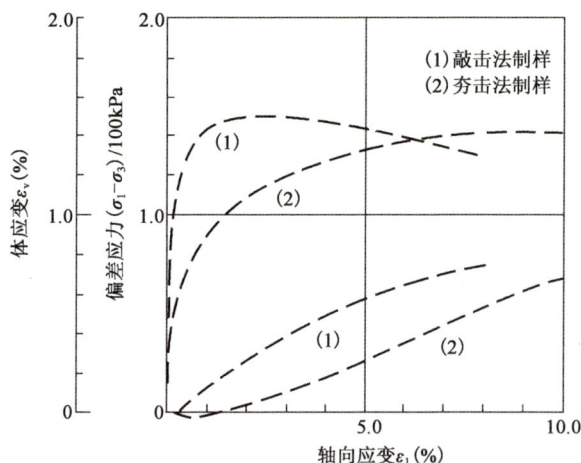

图7 不同制样方法的砂土三轴试验

试样的初始各向异性的最简单的检查方法就是进行各向等压的压缩试验,对于各向同性的试样,应当是$\varepsilon_x = \varepsilon_y = \varepsilon_z = \varepsilon_v/3$。但是大量的试验表明,竖向应变远小于体应变的1/3, 一般$\varepsilon_z = (0.17 - 0.22)\varepsilon_v$。

图8是用"砂雨法"通过自由下落小玻璃珠制成的立方体试样,进行的各向等压($\sigma_x = \sigma_y = \sigma_z = p$)试验结果。对于各向同性的土,应当是$\varepsilon_x = \varepsilon_y = \varepsilon_z = \varepsilon_v/3$,实际上为其$\varepsilon_x = \varepsilon_y = 2.2\varepsilon_z$;$\varepsilon_v = 5.4\varepsilon_z$。这种各向异性完全是由如图6所示的颗粒间的排列引起的[44]。

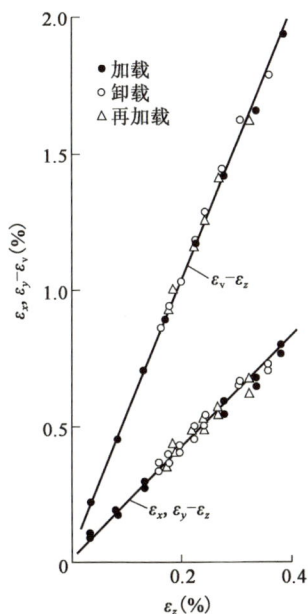

图8 由玻璃珠模拟砂土颗粒进行的立方体试验各向等压试验

土的各向异性可分为初始的各向异性与应变诱导的各向异性。上述的天然沉积的原状土与实验室制作的试样的各向异性都可认为是"初始各向异性"。如果我们在松软的地基土上走过,就会在地面留下较深的脚印,这是由土的竖向塑性应变引起的。这种竖直向的塑性应变会使土在竖向的密度增加,加剧了图3与图6b)这样的各向异性排列。在进行侧限（K_0）固结试验时，竖向应力为σ_v，水平应力为$K_0\sigma_v$，其结果必然是竖向密度大于水平向密度。

图9表示的是剑桥大学的伍德（Wood）教授在盒式真三轴仪上进行的几种在π平面上应力路径急剧转折的试验。首先对饱和重塑黏土进行各向等压的固结到达O点（认为是初始各向同性的）。再沿着OK的方向加载到K，此后应力路径分别为KL、KN和KM[图9a)]，在应变路径中将K点放在O点。开始时应变路径方向与应力路径的坐标一致[图9b)]。其中KM应力、应变路径都仍然与OK一致；而KN与KL的应变路径似乎有"记忆"与"惯性"，开始时仍然接近于OK的方向，然后逐渐向应力路径方向靠拢。在这个过程中，$d\sigma$与$d\varepsilon$不一致，表明有（塑性）应变诱导了各向异性。

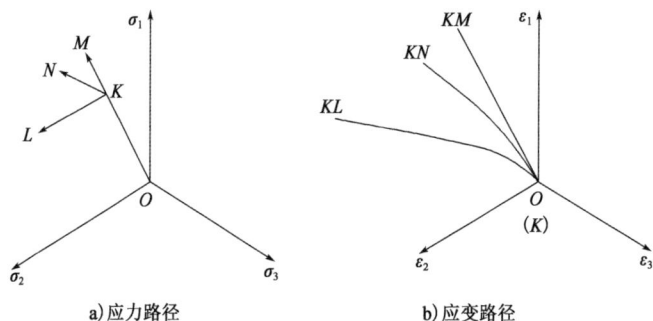

a)应力路径   b)应变路径

图9　等向的正常固结的黏土真三轴试验在π平面上的应力路径与应变路径

在一些试验中，当大主应力从竖向旋转到水平向时，就涉及土的初始各向异性与应变诱导的各向异性的综合影响，使问题复杂化。为分别研究这两种各向异性，有必要制造初始各向同性的试样。对于黏土，可以将其加水搅拌成泥浆，然后施加各向等压的应力使其固结，这样的试样基本上是各向同性的。对于粒状土，日本的小田(Oda)曾经用蹾击和拍打制样模的方法[45]，企图制造初始各向同性的试样，但这并未克服重力的影响，并不能完全消除各向异性。当然最理想的方法是在宇宙空间消除重力制样，但那里都是进行高精尖的基因、纳米、晶体研究的金贵的地方，很土的土力学难登大雅，只好考虑较"土"的办法。

❷ 试样的制备

2.1 原理

如上所述，在地球的重力场中，土颗粒总是倾向于处于最稳定的状态，加上在其沉积过程中，受到 K_0 状态的压缩与固结，在实验室也同样难以消除这种情况，所以土的初始状态多是各向异性的。要想消除它，克服重力的影响是关键。利用饱和砂土中的浮力和向上渗流的渗透力这些体积力抵消其同为体积力的重力，是一个简单易行的方法。

在一个砂土试样中作用有自下而上的渗透力时，其向上的单位体积的渗透力为：

$$j = i\gamma_w \qquad (1)$$

逐渐增加水力坡降 i，当 $j = \gamma'$ 时就发生流土（砂沸），这时土颗粒处于悬浮状态，与宇宙空间无重力情况类似。这时如果立即施加一个各向等压的有效应力，颗粒将趋于随机排列，而没有某一优势方向的排列与结构。制成大体积的各向同性土体后，加以速冻，即可以经过切割加工成各种所需要的试样进行试验。

2.2 常规的各向异性三轴试样的制备

试验所用砂为均匀的蒙特利尔砂，$d = 0.15 \sim 0.25mm$，颗粒矿物主要是石英，含少量的长石与云母。颗粒以粒状为主，稍有棱角。试样干密度 $\rho_d = (1.54 \pm 0.01)g/cm^3$，相对密度 $D_r = 53\%$。

在内壁贴有橡皮膜的金属制样筒模具中，事先放入一个直径略小于试样，底面带两层筛网的金属筒。烘干砂通过一个匀速旋转的漏斗撒入筒内，砂面始终保持水平。当砂面达到 1/4 高度时，提起金属筒让砂粒均匀地落入试样模中，如此反复四次，类似于"砂雨"。装满以后刮平表面，放置轻质的塑料试样帽，施加少许真空，拆模，量测尺寸。制成了较松的、均匀的各向异性的砂试样。

在上述试样脱模后，在圆柱试样橡皮膜外包一层透明胶片，胶片上按照梅花形布置3mm直径的小孔，将胶片的上、中、下部用橡皮条绑扎在试样上。在橡皮膜与胶片间涂硅脂以减少摩擦力。然后罩上圆筒形压力室，充水，真空饱和试样。

首先施加一个很小的围压 σ_0，记下与压力室相连的量水管读数，计算试样的初始体积。在试样的底座用量水管与外部的压力水罐相连，顶帽的量水管与大气相连。试样帽与加压杆间有螺纹连接，可以提起顶帽，如图10所示。

增加试样底部的水压力，使试样发生自下而上的渗流并逐步增加水压力。当增加到一定值时，试样内砂土发生流土（砂沸），颗粒全部起动悬浮。少许提起试样帽，使流土在试样内均匀地发生，然后立即施加一个远大于底部水压力的室压 σ_3，试样很快固结成型。这期间试样内仍然有向上渗流,但由于围压与顶帽的约束,已经停止流土。

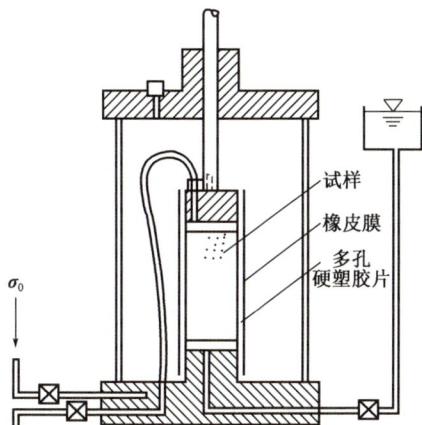

图10 各向同性砂土试样制备示意图

这时的试样高度增加了5%左右,直径略有减少,然后按照预定的干密度施加围压,这可以通过连通压力室的量水管控制。

试样成型后,可以打开压力室,对试样施加小的真空,拆除胶片,量测试样尺寸,用于下面的试验。

❸ 试验的验证

为了验证试样的各向同性,将上述制作的试样与相同干密度的初始制样的各向异性试样进行相同对比试验,包括各向等压试验与常规三轴压缩试验。对比两种试样的竖向应变与体应变的关系;三轴试验的应力-应变曲线、体应变曲线和抗剪强度包线。

3.1 各向等压试验结果

试验过程中,向压力室分级施加围压 σ_3 时并调整活塞以克服其自重等的影响。每级压力稳定10min。量测体积变化与竖向位移,计算体应变与各方向的应变。

由于初始试验段膜嵌入对体变的影响较大,所以从σ_3=127kPa时起算。图11a)为两种试样的围压p与体应变ε_v关系和体应变ε_v与竖向应变ε_z间的关系曲线,图11b)为竖向应变与体应变间的关系曲线。可见各向同性试样的$\varepsilon_z/\varepsilon_v$很接近1/3,而常规制样的比值在初始阶段约为0.19,随着压力增加,比值逐渐增加,表明在高压的各向等压下,各向异性有所减弱。

3.2 常规三轴压缩试验结果

用干密度相同的两种试样进行了三种围压的常规三轴压缩试验。围压分别为113.6kPa、213kPa和320kPa。其应力-应变关系、剪胀性以及抗剪强度都有一定的差异。见图12和图13。从试验结果可以看出:

(1)两种试样的应力应变曲线差别很明显:各向同性的试样表现出应变硬化现象,初始模量、切向模量、割线模量都偏低。

(2)各向同性试样体积压缩性大,剪胀性较弱,这与图7的情况相似。

(3)两种试样的抗剪强度相差不大,各向同性试样的内摩擦角小1°,但是对于常规试样,由于发生应变软化,用的是其峰值强度。二者的最终强度几乎是相同的。

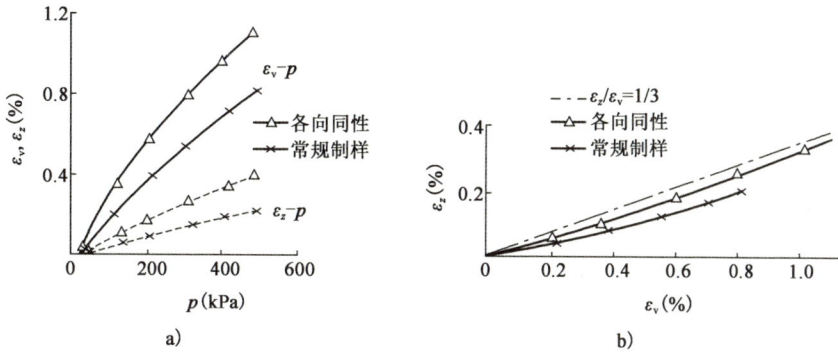

图11　两种试样的各向等压试验比较

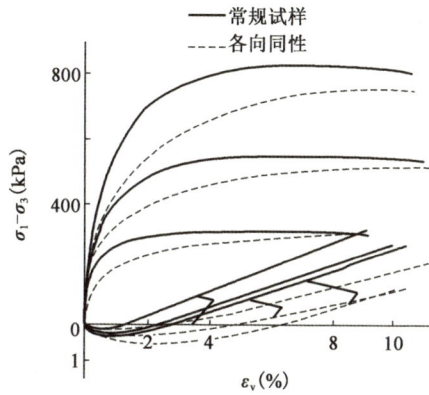

图12　常规三轴压缩曲线

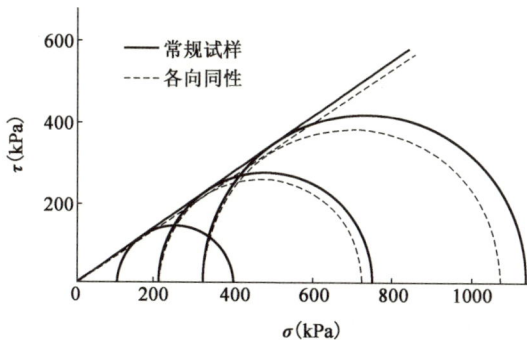

图13　莫尔圆及其强度包线

上述结果表明,常规制样方法制成的试样具有明显的各向异性,用这样的试样进行试验,常常不能反映大主应力在其他方向时土的应力应变与强度特性,如用圆弧滑动面进行稳定分析时。这种各向异性使土的性质变得更加复杂。

❹ 结论

利用向上的渗透力使砂土发生流土克服重力的影响,可以制造基本各向同性的砂土试样,这给研究复杂条件下砂土的应力应变关系及研究应变诱导的各向异性创造了条件。

各向等压与三轴试验结果表明了由这种方法得到的试样,在各向等压试验中,竖向应变与体应变之比很接近1/3;与常规制样比较,模量偏低,应变软化与剪胀性降低,内摩擦角也稍有降低。

这些工作对于人们进一步认识土的特殊性与复杂性是有意义的。

土力学
更话

地下水中的辩证法

1 引言

关于土的复杂性、多样性及变异性，在前文中已经讲了很多。而一旦涉及土中水，则将变得更加困难。所以要正确理解与合理处理土中水，就需要应用运动的、全面的和发展的辩证思维，那种孤立的、静止的、片面的形而上学思维模式，将会在实践中引起失败与事故。

恩格斯在《自然辩证法》一书中写道："辩证法对今天的自然科学来说是最重要的思维方式，因为只有它才能为自然界中所发生的发展过程、为自然界中的普遍联系、为从一个领域到另一个领域的过程提供类比，并从而提供说明方法。"[1] 他还指出，黑格尔的辩证法可以归纳为以下三个规律：

对立的相互渗透的规律；

量转化为质和质转化为量的规律；

否定之否定的规律。

本文主要是针对近十年来北京市的浅层地下水位快速上升，引发了城市建筑，尤其是地铁、地下车库与地下市政隧道（廊道）等纯地下结构物的抗浮、承载力、变形、裂缝，特别是大量的渗漏问题进行讨论。

2014年，由北京市勘察设计研究院主编的《城市建设工程地下水控制技术规程》（DB11/1115—2014）[46]（以下简称：《规范》）申报审批，由顾宝和大师等九位专家组成专家组开会审查。顾大师年事已高，由我任专家组长。参会的有主编单位的主要起草人，还有一位似乎是主管部门的官员，他也深度参与了条文的讨论。因而这就不是一个简单的规范"技术审查"，而是被"政策强制约束"。这个审查会给我留下很深刻的印象，由于对几条关键条款的分歧与歧义（并非源于专家内部），会议一直延宕到深夜。其关键之处就是一些条款过分强调优先采用帷幕隔水，严控降水，如强制性条款3.2.2为"当采用降水方法时，应通过帷幕隔水不可行的论证"。

该《规范》于2015年3月1日实施，对北京市地下水控制起到了指导和规范的作用。但是在其执行中，对于降水的限制过于严格，即使是通过了"论证"，还面临着严格的审批。这样，在实施以后的十年中，北京土层中人为设置了一大批纵横交错、深浅不一、位置不清、走向复杂的隔水帷幕。这是一些永久性的，多是落底式（进入下部不透水层）的地下竖向钢筋混凝土与素混凝土地连墙、水泥土墙、护坡桩+水泥土隔水帷幕。它们分布无序，阻隔和改变了地下水的天然运动与态势，也会影响城市输水管线的漏水与雨水的下渗和排泄。据调查，2015年北京市浅层地下水的平均埋深为25.75m，而到2024年上升到15.20m。其原因可能是多方面的，但是十年来严格执行该《规范》应是功不可没。

② 对立的相互渗透

在《毛泽东选集》"矛盾论"[47]一文中,毛主席指出事物充满了矛盾,即一分为二。而矛盾是对立的,也是统一的:包含了矛盾两方面的相互依赖和相互斗争,决定一切事物的生命,推动一切事物的发展。

在地下水控制这一课题中,降水与隔水是相对立的两种措施,过分地强调其一是不可取的。在20世纪末,北京的地下水位还较高。当时在基坑工程中几乎无限制地采用管井抽水,有的工程停工几个月还一直在抽水,白白浪费了水资源,这也是北京市地下水大幅度下降的原因之一。因而科学地、合理地运用隔水与排水措施处理好这一矛盾就是衡量岩土工程师专业水平的重要依据。

在具体工程的地下水控制中,应用辩证思维、完美地交出合格答卷的是2001—2007年施工的国家大剧院基坑工程[10]。该工程主要有三个坑底高程,如图1所示。高程-12.5m处为消防通道;-26m处为主体地面;还有三个坑中坑,分别为歌剧仓台(-32.5m)、戏剧仓台(-29m)和音乐仓台(-27m)。

该工程地质剖面和地下水分布见图2。其含水层与隔水层交互分布,含有多层地下水。上层滞水由大气降水和管道漏水补给,无统一水位,上层滞水一般在6—9月水位较高,其他月份相对较低。潜水水位深度约30m,标高为-16m左右(以绝对高程46.0m为标高±0.00m,下同)。第一层承压水的水头深度为26.6～27.3m。第二层承压水(土层⑤)和第三层承压水(土层⑦)的水头与第一层承压水位接近。

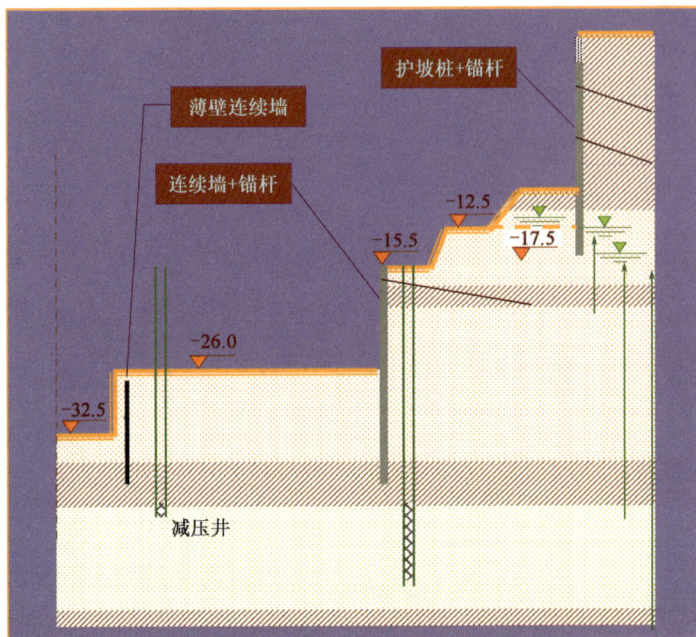

图1 国家大剧院的基坑剖面(高程单位:m)

该工程位于北京市中心,人民大会堂的西侧,北邻长安街,为一多功能特大型公共建筑。相关规范要求严格控制围护结构的变形与地下水控制,使周边既有建筑物(人民大会堂)基本不受影响;应尽量降低施工难度,具有可操作性;要经济合理,满足工程投资的控制要求;施工工艺应满足环保要求,有利于保护地下水资源,防止对地下水的污染。针对这种情况,对其地下水控制曾提出过三种方案。一是不降低地下水,完全靠地下连续墙隔水,但造价太高,施工难度大。二是不用隔水措施,完全靠管井井点降低地下水到−33m,但基坑涌水量达20万~30万 m³/d,降水半径达到1000m以上,既大量浪费地下水资源,又会引起周边10mm的固结沉降,危及人民大会堂等重要建筑物安全。

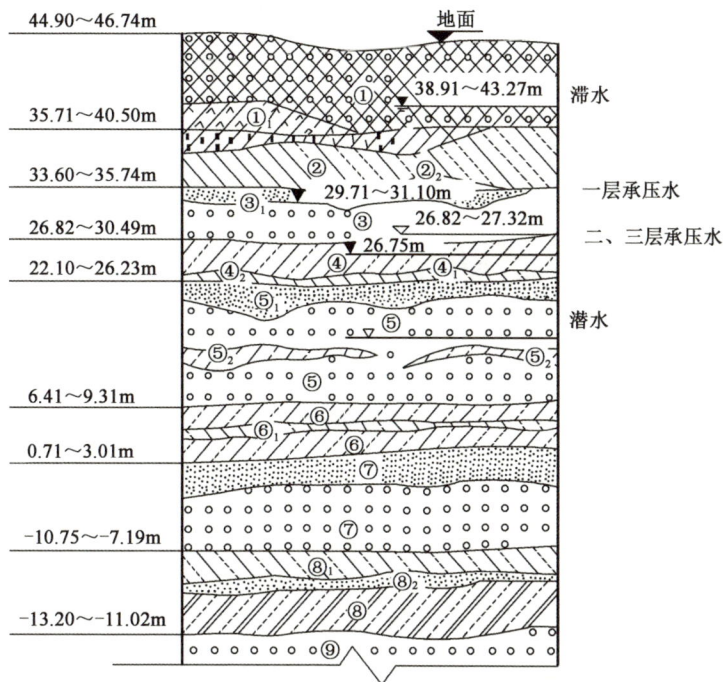

图2　地质剖面

　　该工程最后是因地制宜地采用隔水与降水相结合、隔水与挡土相结合、地连墙与护坡桩相结合的第三方案(图1):

　　(1)在−12.5m左右的消防通道部分,采用护坡桩+锚杆的支护方案,采用渗水与排水疏干滞水;

　　(2)在−26m的主体部分采用地连墙挡土与隔水,截住层间潜水与第一、二层承压水,坑内排水疏干;

　　(3)对于最深达到−32.5m的三个台仓,采用300mm的薄素混凝土地连墙挡土隔水,加四角的斜撑,同时在每个坑的坑外用四个减压井降低第三层承压水的水头,以防止坑底突涌。

　　这种结合实际情况,因地制宜地采用排水、渗水、减压不同形式的降水与隔水相结合的地下水控制方案是在正确的哲学思想指导下,基于丰富的经验,灵活地采用各种降水方式形成的。它将"降水"与"隔水"这两种矛盾而对立的措施因地制宜、相互渗透,统一在经济合理、技术先进、保护环境与资源这一地下水控制的极终目标中,达到了最优的工程目标。

❸ 量转化为质与质转化为量

这条规律也被称为"量变到质变"。我国古代哲学家都明确认为世间所有事物都要有个"度"。儒家的孔子所主张的"中庸之道"就是这个意思。老子在《道德经》中指出:"圣人方而不割,廉而不刿,直而不肆,光而不耀",这句话虽然原本是用来说明修身、治国、理政,同样指明人类应敬畏与善待大自然的道理。

辛弃疾写过一首有趣的词——《沁园春·将止酒戒酒杯使勿近》。辛弃疾曾是"气吞万里如虎"的将军,也是沉雄豪迈的诗人,他一生好酒可想而知。可是有一天他酒后感到很不适,写了这首《沁园春》:

杯汝来前! 老子今朝,点检形骸。

甚长年抱渴,咽如焦釜;于今喜睡,气似奔雷。

汝说"刘伶,古今达者,醉后何妨死便埋"。

浑如此,叹汝于知己,真少恩哉!

更凭歌舞为媒。算合作平居鸩毒猜。

况怨无小大,生於所爱;物无美恶,过则为灾。

与汝成言,勿留亟退,吾力犹能肆汝杯。

杯再拜,道"麾之即去,招则须来"。

看来他是酒醒后有所感,决心发动一场整风运动。整风的对象似乎有三个:"老子——我""酒杯"和"酒"。他先从我做起——"老子今朝,检点形骸"。然后抱怨说:酒喝多了,口干咽焦,酣睡如雷。然后指责"杯":我把你当朋友,视为酒逢知己,可是你却让我学习酒仙刘伶——驱车带酒带锹,到哪里喝死了就在哪里埋了,没想到你对我竟是如此薄情寡恩!随后他又指责酒:依托歌舞,使人放荡不羁,你简直就是毒药!这时他说出了可流传千古的名言"怨无大小,生於所爱;物无美恶,过则为灾",即"爱过头了就会生怨,物用过头了就会成灾"。最后这场整风运动的结论似乎是三个运动对象都按照"人民内部矛盾"处理。

①酒。由于是"过则成灾",今后少喝,不可过量,这就没有达到标题中的"止酒戒酒"的目标。

②杯。斥责其"勿留亟退",像是绝交了,但又默许了"麾之即去,招则须来",也没有作到题目中的"戒使勿近"的处罚。

③辛弃疾本人。酒还是要喝的,不过要按圣人之言,"适度"即可。

这首诗充满辩证法的名句就是"物无美恶,过则为灾",也就说事情都应有个"度",量变可以转化为质变,好事可以变为坏事。

关于事物的度,有的似乎只有上限。譬如饮酒,公认是因人而异,不可过量;至于下限应当是"不喝正好"。至于"斗酒诗百篇",那是诗仙的度。有的似乎只有下限,譬如智商,太低了会难以为人,却是越高越好。但大量事物的度,都是在一定的上、下限范围之内。

大自然中,地表水、地下水与大气中的水分是不断运动与相互转换的,而地下水与生物和人类的关系最为密切,它使大地充满了生机。"土爱稼穑"——土中水是人类生活之本,但也有"水可载舟,亦可覆舟"之说。近年来,人们提出了"健康地下水位",或"生态水位""控制性水位"和"临界水位"的说法。也就是说,地下水位在一定的区间是利大于弊。但是由于涉及的因素很多,这种"健康"也是因时、因地而宜的,例如农村与城市的控制因素可能不同,不同地域也会不同。这些因素包括生态(植被)、资源、对工程建设和既有建筑物的影响等。

其中城市地下水在较短的时间内有较大的提升,对于兴建于低水位时的既有建筑物、地下结构物以及城市市政设施的影响主要是负面的。它会引起建筑物与地下结构物的上浮或沉陷、承载力下降、渗漏等。

地下水位上升会使地基承载力下降,《建筑地基基础设计规范》(GB 50007—2011)给出的承载力公式如下:

$$p_k \leqslant f_a = M_b \gamma b + M_d \gamma_m d + M_c c_k \qquad (1)$$

式中,p_k 为荷载引起的基底平均压力的标准值;f_a 为地基承载力的特征值;M_b、M_d、M_c 分别为基础的宽度、埋深和持力层黏聚力的承载力系数;b 和 d 分别为基础的宽度与埋深;γ 与 γ_m 分别为基底以下与以上地基土的重度。

如果地下水位从基底以下上升到基础顶面,这时重度 γ 与 γ_m 都从天然重度减小到浮重度,一般来说 $M_d \geqslant 1.0$,荷载 p_k 中由于浮力减小的 $\gamma_m d$ 要比承载力中 $M_d \gamma_m d$ 由于浮力而减小的承载力要小;在水位上升区间,$M_b \gamma d$ 项几乎会减小一半;原来是因为非饱和地基土天然含水率变为饱和含水率,其基质吸力消失,使土的强度指标下降,承载力系数减小。此外,地下水位上升还可能引起土的湿陷、模量降低,使建筑物产生附加沉降。但由于既有建筑物的长期作用也可使土固结加密而提高土的强度,从而增加地基承载力。

地下水上升对于建筑物的地下部分与纯地下结构物的抗浮影响很大，可能使其上浮、倾斜，或使其抗浮稳定安全系数下降而成为危房；同时水位上升产生的超额浮力会增加基础底板的反向弯矩及剪力，使底板及墙体开裂、渗漏，结构的接缝断裂与脱开。

北京地区的地下水在20世纪80年代埋深普遍很浅，平均在地面以下10m之内。20世纪末，随着改革开放不断深入和社会经济的持续发展，城市人口剧增，城市基础建设规模空前，城市用水大规模抽取地下水；加之当时对基坑开挖的降水没有限制，各层地下水都很快地下降，到2015年，地下水平均埋深在-25.75m。而到2024年，水位又很快地上升十多米，达到-15.20m。

北京市的地下铁道、地下停车场与市政隧道等多是20世纪末到21世纪初建造的，当时的勘察报告给出的地下水位都很低，设计与施工对于抗浮、防渗、防水等多无远虑，重视不够。随着地下水位的上升，各条地铁的线路与车站都有渗漏现象。当时北京地铁10号线的22个车站就有20个存在不同程度的渗漏水现象。一些电缆隧道漏水严重，电站与线路被积水浸泡。对于这些问题有人提出是否可适当降低浅层地下水位。浅层地下水的水质不高，水质高的深层承压水位不一定随浅层地下水同步升降。

我们在天然河道上修建水库，阻断了河流，但还必须修建溢洪道、引水隧道、管道和引水渠道用以调控，以期用以灌溉、发电、防洪。而在地下无序地建造了许多截水帷幕，改变了地下水的自然流向、流速与流态，但没有可以调控的措施，遇到严峻的自然与人为变故是否会出现"出乎预料的影响"？ 恩格斯对于人类的"战天斗地"，曾经告诫，"不要过分地陶醉于我们对自然的胜利，对于每一次胜利自然界都报复了我们""每一次胜利,在第一步都确实取得了我们预期的结果,但是在第二步和第三步却有了完全不同的、出乎意料的影响"[1]。

④ 否定之否定

否定之否定的规律也就是事物的螺旋形发展的规律,也是毛主席说的"坏事变好事""反面教员"的意思。恩格斯认为它是"整个体系构成的基本规律"。记得在20世纪五六十年代,我们这一代人被教育:资本主义实行私有制,实行市场经济,资本家为利润而竞争,资本家雇佣工人,实行血汗工资制,残酷地剥削工人的剩余价值;我们社会主义实行公有制(国家或集体),劳动者是国家的主人,消灭了阶级与剥削,最后将实现共产主义。这些是深入人心并决心为之奋斗的理想。但是从20世纪80年代开始,民营企业兴起,大量雇佣工人,追求利润;而开放则不得不走市场经济的路子。这时就有了各种质疑:这些民营企业姓"社"还是姓"资"? 但是面对其在改革开放中取得的骄人成就,人们也逐渐接受了社会主义可以存在包括私有制的多种所有制,开放就无法避免市场经济,允许一部分人先富起来。这就是对于社会主义及资本主义的一个否定之否定的螺旋形认识过程。我们开创的"中国特色社会主义"没有先例可以参照,只能"摸着石头过河",在前进的过程中,否定之否定的规律想必不会"缺席"。

1960年,我到清华大学报到,在西校门对面的化工厂门前有一口自流井,冬季喷出的承压水冻成一棵冰柱,其余季节自流喷涌而出的水被引入万泉河后流进清河。在南部科学院一带,常年滞存有地表水,需脱鞋趟过去;那时的"海淀"真是个"淀",清华园西门外可见种着"京西稻"的水田,所以感到地下水位这么高真是不方便。很快到了

20世纪80年代,地下水逐年下降,地表水逐年变臭。北京市的几条著名的河流基本干涸,或者残存着一洼黑而臭的污水;打井取水在逐年加深,水质也更硬了,到2015年平均地下水位降到-25.75m。那时,一些基坑设计施工者非常高兴,十几米深的基坑只需用土钉墙,或者三四道锚杆的护坡桩就可甩开膀子全面开挖,稍湿的地基土还可提供额外的非饱和土吸力强度,常常使上海等南方城市的岩土工程师们羡慕不已。

三十年河东,三十年河西。十年后的今天,平均地下水位上升了十多米,地铁线路与车站、电缆隧道等市政管廊、地下停车场等纯地下结构物、高层建筑物地下室的数量骤增,漏水问题、流砂问题、底板开裂问题、建筑物的承载力与抗浮问题纷纷涌现,人们叫苦不迭。这一反复地螺旋发展的地下水问题恐怕是我国岩土工程师们需要面临的挑战。

❺ 结论

土是一种复杂、多样、易变的材料,土中水的加入使其增加了更多的难题。岩土工程是在和大自然打交道,认识、理解、掌握它需要以全面、关联、运动、发展的辩证思维,片面、静止、孤立的形而上学思维方法终会被自然所报复。

土力学中的平面应变问题

① 引言

现实生活中土体的存在形式千姿百态,在现实中都是三维的。但在土力学学科和土工问题中,常常需要对其简化、抽象,而数学是对于现实的极度的抽象。数学中的直线是一维的,平面是二维的。在力学分析中二维的问题又分为平面应力与平面应变两种。其中平面应力问题是"只在一个平面内存在应力,与该面垂直方向的应力可忽略,例如薄板拉、压问题"。对于由颗粒组成的碎散的土体,不可能简化成一张纸一样的平面应力状态,所以最普遍的土力学与土工问题是土的平面应变状态。

天然与人工的土体与构造物很多是在一个尺度很长,如江河岸坡、长城、堤防、路堤、土石坝、渠道、隧道、埋管、挡土墙前后土体,条形基础的地基也常被归于平面应变状态,其特点是形成一个很长的柱状体。平面应变状态一个最基本的条件就是假设沿着这个柱状体形心的直线方向的尺度是无限长的,并且在这一尺度上各处的作用与材料是一样的。这样,垂直于这个方向的任意一个平面,都是其对称面,所有应变都发生在这个平面中,在无限长度方向(y)的位移(应变ε_y)为零,y方向的剪应力、剪应变也为零,即$\tau_{yx} = \tau_{yz} = 0$,$\gamma_{yx} = \gamma_{yz} = 0$。

在图1中y方向的任意与其垂直的平面(如xOz)都是其对称面,所有反对称的变量都为零,$\varepsilon_y = 0$。这种状态的应力矩阵可表示为:

$$\boldsymbol{\sigma}_{ij} = \begin{bmatrix} \sigma_x & 0 & \tau_{xz} \\ 0 & \sigma_y & 0 \\ \tau_{zx} & 0 & \sigma_z \end{bmatrix} \tag{1}$$

其中,$\sigma_y \neq 0$,当土体为线弹性时,可由胡克定律根据条件$\varepsilon_y = 0$算得。但由于土一般不是线弹性体,所以σ_y不能通过胡克定律简单而准确地计算,它通常很复杂多变。

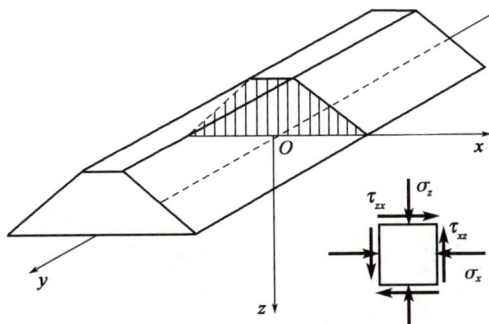

图1　堤坝问题中的平面应变及其应力状态

因而每个这样的一个平面就可以完全反映其应力、变形、渗流等状态,这是土力学中一个古老的研究方法与课题。

恩格斯在《自然辩证法》一书中指出"一切抽象在推到极端时就变成荒谬或者走向自己的反面"。在土力学与岩土工程中,平面应变常常被无限地推广、应用、灌输,似乎感染了"平面应变综合征",即企图用一个断面解决所有与土有关的问题。在《土力学》教材中,在各种规范标准中,在各种计算软件中,几乎所有问题都被集中在一个断面上解决。在《土力学》教材中,渗流中的流网,土坡稳定的极限分析(直线与圆弧滑动面),挡土墙土压力,条形地基承载力等都是集中在一个断面上的问题。这种引导会使学生与工程技术人员形成惯性思维,那就是通过一个断面解决一切土力学与土工问题,从而忽略了实际问题的整体性及复杂性。

❷ 几个失败的工程案例

在现实中,即使是"无限长"的、均匀的土坡、基坑、挡土墙,也几乎没有见到过沿着直线方向发生均匀的、"无限长"的滑坡、倾覆、倾倒,而总是局部的三维的破坏,如图2所示。以滑坡为例,在同样条件下,由于三维滑动面面积大于二维滑动面面积,三维滑动分析计算的安全系数总是大于二维的,为什么现实中破坏不是沿着安全系数更小的二维滑动面发生呢? 这是土力学的一个悖论。

a) 长江岸坡崩岸   b) 漫湾的滑坡

图2 两个实际发生的土坡局部失稳案例

图3表示的是南水北调工程到北京进入四环路地下输水管之前的一个压力水池,高17m,内径81m。它是按照图3b)的断面设计为分

段相接的钢筋混凝土弧形扶壁式挡土墙;外侧填土,填土以上为加筋土环形路。按照条形的平面应变问题,采用图3b)所示的挡土墙断面验算在墙后(主动)土压力作用下的单位长度挡土墙滑动与倾覆稳定。这似乎应是常规的,相当保守与安全的设计。因为它在水平面是一个圆筒,在土压力作用下由于圆筒的拱效应,其墙后水平向的压力转化为圆筒的环向压力,土压力越大,它就越稳定。

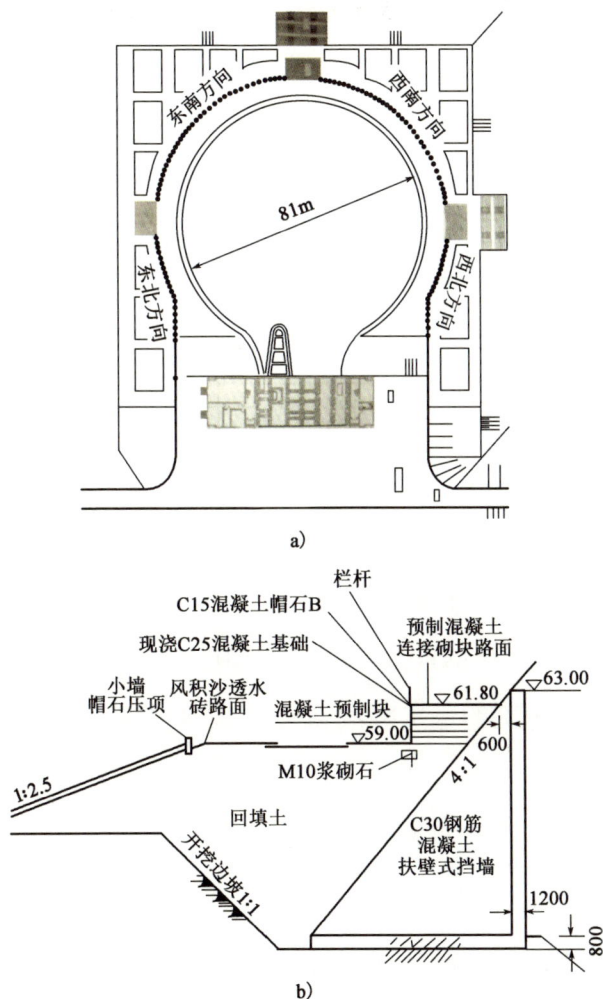

图 3

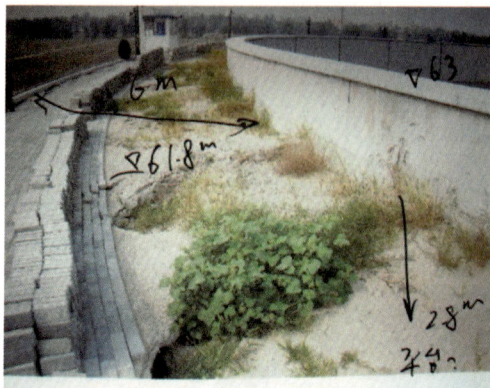

c)

图3　南水北调压力水池(尺寸单位:mm;高程单位:m)

该水池的主要功能是蓄水,并向管道输入压力水,如果压力池水位达到墙顶,其墙上向外的水压力将大于墙后向内的主动土压力,挡土墙在水压作用下向外推动填土,由于分段的墙体没有设置环形的冠梁与腰梁约束,使墙后土体的土压力向被动土压力转化,分段相接的挡土墙的各段将向外位移,连接处发生拉伸、裂缝、漏水,土体湿化变形。结果墙倾斜10～20cm,墙道路沉降20～30cm,土体开裂,见图3c)。

与图3相似的是图4所示的新加坡的尼克尔(Nicoll)大道地铁线路基坑工程。新加坡时间2004年4月20日3:30,新加坡地铁循环线Nicoll大道正在施工的基坑突然倒塌,造成4名工人死亡,3人受伤,塌方吞下2台建筑起重机。同时燃气管路断裂,引发爆炸与大火,致使六车道的Nicoll大道受到严重破坏,无法使用。事故现场留下了一个宽150m,长100m,深30m的塌陷区。后来车站位置转移至约100m以外,事故造成地铁循环路线的工期拖延,最后,一期工程推迟了大约四年才得以完工,造成巨大经济损失。

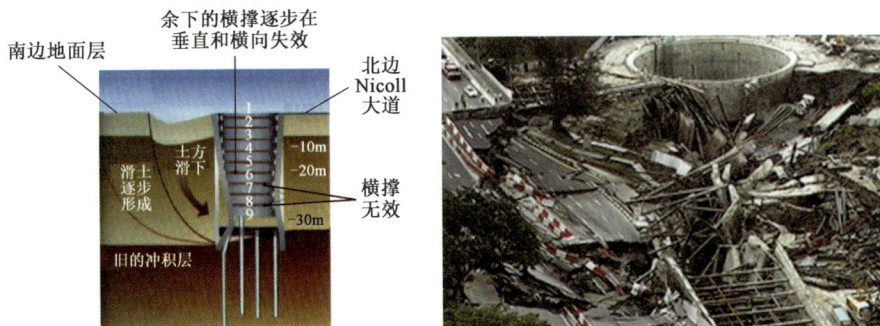

图4 新加坡的尼克尔大道地铁线路基坑

此段地铁线路采用明挖法,用地下连续墙支护和钢管桁架内支撑。一端的圆形混凝土井是东段土压平衡式盾构暗挖施工的出发点。该场地的地基土为新加坡海洋软黏土,其分布特点是西北较浅而东南深,基坑开挖深度为30~40m,对部分软土进行了分层水泥喷浆预加固。

关键的问题在于,平面上这是一个弯段,南侧基坑支护的地下连续墙是外凸的,在土压力作用下分段的连续墙墙体间将发生分离(地下连续墙3~6m分片,用圆柱形的连接器连接)。结果南侧首先发生较大位移、开裂与失稳。在倒塌前,南墙弯曲变形大大超过北墙。沿着南墙,连接器主要是拉力变形,每个连接器的变形很大,从1.5mm到2.5mm。在倒塌时南墙接点脱离;同样由于缺少纵向的钢筋混凝土腰梁与冠梁,地连墙分片塌落,钢管内支撑脱落。由于设计未考虑工程整体及水平面上的形状,简单地按照平面应变的一个断面设计,因此酿成事故。

在20世纪末到21世纪初,我国南方软黏土地区已经成功地完成了很多建筑基坑工程,取得了较丰富的经验。但是后来在一些城市兴建地铁,开挖地铁线路与地铁车站的基坑,却接连发生了多起工程事故。2008年发生的杭州地铁1号线湘湖站北二基坑事故很有代表性。该基坑深度约18m，宽21m。基坑全长分为6个作业段（每段20m左右），事故前最北部的第一段已封底完工。第二段作完垫层，第三段铺设砂石，第四段清底，两台挖机正开挖第五段和第六段的最后一层土方。也就是说，此前20m×20m的第一段在相同的条件下已经安全成功地封底，随后的100m五段几乎同时挖到坑底，却在几乎接近完工的情况下，在其中点处的第四段西侧倒塌，见图5。这种在基坑的长边中点发生垮塌的情况是很常见的。

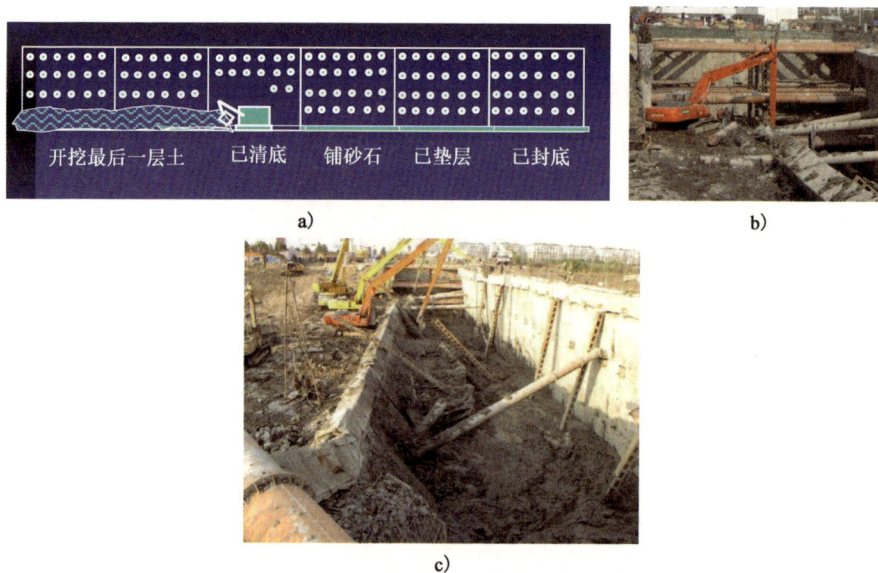

图5　杭州地铁一号线基坑

图6表示的是广州京光广场的基坑事故。该基坑长310m，宽45.5m，深15m。在基坑一侧的长边建有两层的工棚。采用悬臂式护坡桩支护，直径$D = 1.4$m，桩长20～25m；桩间为间隔式挡土空心桩，直径1.0m，桩长14m。1995年6月2日，基坑南侧开挖到10～13m时，挡土桩墙发生0.5～1.0m水平位移，空心桩破裂，邻近建筑物开裂，地

面裂缝,见图6a)。次日凌晨1时,约40m范围的护坡桩突然倒塌,工棚倾倒入坑内,造成3人死亡,17人受伤。

a)   b)

图6　广州京广广场的基坑垮塌

这个事故也发生在基坑的长边中点附近。在垮塌前的图6a)可以看到,该处的坑壁土颜色较深,表明这里土的含水率很大。可以发现这里是两层工棚的一端,是民工的生活区,工人在这里洗漱、冲凉、如厕,使生活用水渗入坑壁,土强度降低,造成失稳。

从上述两个案例可见,通常采用平面应变设计,不计三维效应,用一个断面代表单位长度计算支护结构的稳定与变形,实际上是偏于保守与安全的。因为基坑实际上都不是无限长,端部的变形约束是有利的,如图7所示。应指出其最大位移δ_{max}和坑角效应是与开挖深度h及h/b有关的。

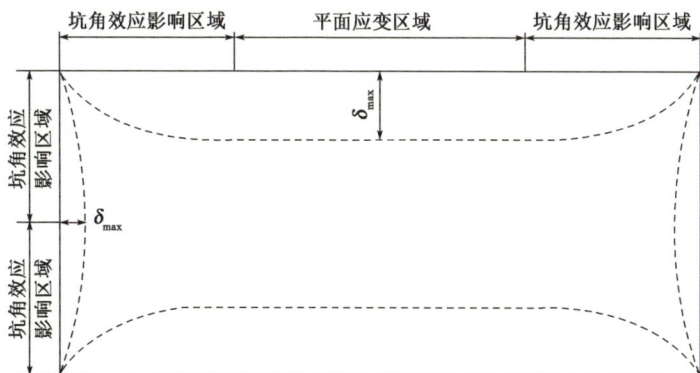

图7　矩形基坑水平位移示意图

基坑的平面尺寸越小,两向尺寸越接近,它的坑角效应越显著,也就越偏于安全。对于建筑基坑,通常其水平面上的两个尺度差别不大,尤其是正方形、圆形与椭圆形,采用平面应变按照经验计算可以是安全的。由于岩土工程的半经验性,人们在处理这种基坑时的计算参数与安全系数也适用于这种形式的基坑。但是对于地铁的条形基坑以及像京光广场这样很长的基坑,长边中点处的边壁约束很小,遇到局部不利条件的概率也更高,则常会在这里失稳。

❸ 平面应变问题中零应变方向的主应力

在土力学中,假设大地为半无限土体,则其竖向柱状土体都处于"侧限(K_0)"一维状态。其形心为无限线性的水平柱状土体,则为平面应变状态。严格地讲,这两种状态是变形边界问题。前者是两个水平方向的位移(应变)为零,后者是一个方向的位移(应变)为零,而零应变方向的应力既不是零,也不是常数;除非它是线弹性的,否则这个应力也没有理论精准计算的可能。以静止土压力系数 K_0 为例,对于线弹性体,可以很容易地推导出 $K_0 = \nu/(1 - \nu)$,其中 ν 为泊松比。但是土既非弹性,也非线性。所以在土力学中 K_0 要么给出一些经验表格,要么给出一些经验公式。其实 K_0 并非常数,它与土的应力状态、应力历史与应力路径有关。同样,在平面应变状态,$\varepsilon_y = \mathrm{d}\varepsilon_y \equiv 0$,其中 y 为应变为 0 的方向,如图 8 所示。其应力 σ_y 只能通过试验实测,或者通过复杂的土的本构模型计算,并且用不同模型计算的结果不尽相同,这将是一个非常复杂的,并且很难精准的课题[48,49]。

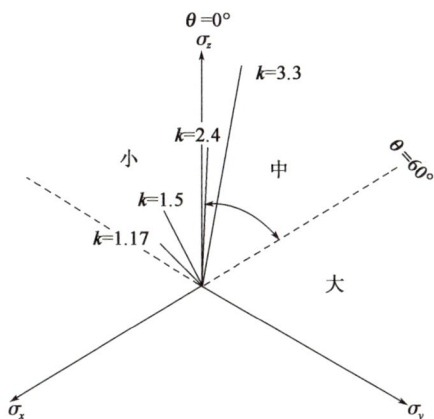

图8　四种等比的平面应变试验在 π 平面上的应力路径

有人认为平面应变方向的主应力 σ_y 总是中主应力[50,51]，并且给出了经验公式：

$$\sigma_y = \sqrt{\sigma_z \sigma_x} \tag{2}$$

其实只在土体接近破坏状态时，σ_y 才是中主应力[52]，因为土体的强度是其抗剪强度，一般采用莫尔-库仑强度准则，该准则认为抗剪强度（或内摩擦角）只与大主应力 σ_1 和小主应力 σ_3 有关。土体破坏时，大主应力必然是其压缩的方向，例如为 σ_z 方向；而其破坏的滑裂面则在小主应力作用面滑出，由于 y 方向土体位移为零，则最小主应力必然是 σ_x。这时 σ_y 只能是中主应力 σ_2。大量的试验表明，土在平面应变状态破坏时的毕肖普（Bishop）应力参数 $b = (\sigma_2 - \sigma_3)/(\sigma_1 - \sigma_3) = 0.25 \sim 0.35$；试验结果也表明，相对于三轴压缩应力状态，大于 σ_3 的中主应力使土的内摩擦角 φ 有所提高。

但平面应变状态土的 σ_y 并不总是中主应力。如果进行 $k = \sigma_z / \sigma_x =$ 常数 > 1.0 的平面应变试验，假设土是线弹性体：由于在平面应变 y 方向的应变恒等于零，根据广义胡克定律，

$$\varepsilon_y = \frac{1}{E}\left[\sigma_y - \nu(\sigma_z + \sigma_x)\right] = 0 \tag{3}$$

$$\sigma_y = \nu(1 + k)\sigma_x \tag{4}$$

可以得到 $k < (1 - \nu)/\nu$ 时, $\sigma_y < \sigma_x$, $\sigma_y < \sigma_3$, 成为小主应力。

在侧限状态, 对于正常固结土静止土压力系数 K_0 常用的经验公式为:

$$K_{0,\mathrm{N.C}} = 1 - \sin\varphi' \tag{5}$$

超固结土常用的经验公式为:

$$(K_0)_{0.C} = (K_0)_{0.C}(\mathrm{OCR})^m \tag{6}$$

其中, OCR 为超固结比, 经验系数 $m = 0.45 \sim 0.5$。当 $\varphi' = 30°$, $m = 0.5$, 超固结比 OCR > 4.0 时, $K_0 > 1.0$, 亦即水平应力 σ_h 超过竖向应力 σ_v 成为大主应力。平面应变状态也一样, 当竖向的大主应力减载到一定情况时, σ_y 会变为大主应力。这种情况是由于土的弹塑性引起的。

④ 平面应变试验

4.1 等应力比的平面应变试验

在承德中密砂上进行了一系列两个主动主应力等比为常数的平面应变试验[53,54], 包括单调加载和加载—减载—再加载循环试验。材料和试样的物理性质如下:

平均粒径 $d_{50} = 0.18\mathrm{mm}$;

不均匀系数 $C_u = 2.8$;

试样干密度 $\rho_d = (1.7 \pm 0.1)\mathrm{g/cm^3}$;

试样相对密度 $D_r = 64\%$;

采用多功能三轴仪试验,试样为长方体。长51mm,宽42mm,高88mm。首先将试样放入压力室中,一对刚性水平加压板距离可以保持不变,也可以主动加减荷载;通过试样帽增减竖向荷载,还可以通过挂钩施加拉力使竖向应力成为小于室压的小主应力。

共进行了$k = 1.17$、1.50、2.40、3.30四种等比的平面应变试验,如图8所示。其中k为两个主动主应力之比,前两种试验是以竖向为平面应变(零应变)方向;后两种试验分别以竖向和一个水平方向为平面应变方向,结果表明这两种平面应变方向对试验结果的影响不大。只是竖向为平面应变方向,水平方向为大主应力时加载产生的应变稍大;反之在竖向施加大主应力,加载产生的应变较小(一个水平向为平面应变方向)。这表明试样表现一定的初始各向异性,即水平方向的压缩性稍大,竖直方向的压缩性较小。但是对于平面应变方向(竖直与水平)的应力影响很小。在本文后面的介绍中,统一以σ_z记为大主动主应力,σ_x为小主动主应力,σ_y为平面应变零应变方向上的主应力,所以$k = \sigma_z/\sigma_x$。

4.2 平面应变零应力方向σ_y为小主应力的情况

为了表示三个主应力的关系我们定义应力洛德角θ:

$$\tan\theta = \sqrt{3}\,\frac{\sigma_y - \sigma_x}{2\sigma_z - \sigma_y - \sigma_x} \tag{7}$$

当$\theta = 0°$时,相当于以σ_z为大主应力的常规三轴压缩试验应力状态;$\theta = -60° \sim 0°$时,平面应变方向上的主应力σ_y为小主应力σ_3;$\theta = 0° \sim +60°$时,σ_y为中主应力σ_2;$\theta = 60° \sim 120°$时,σ_y为大主应力σ_1。

由图8可知,在$k = \sigma_z/\sigma_x = 1.17$和$1.50$时,零应变方向的应力$\sigma_y$总是小主应力。这可以通过弹性理论进行分析:由于在平面应变y方

向的应变恒等于零,假设试样为线弹性,根据广义胡克定律:

$$\varepsilon_y = \frac{1}{E}\left[\sigma_y - \nu(\sigma_z + \sigma_x)\right] = 0 \qquad (8)$$

其中 ν 是泊松比,将 $\sigma_z = k\sigma_x$ 代入式(8),得到

$$\sigma_y = \nu(1 + k)\sigma_x \qquad (9)$$

当 $\nu(1 + k) < 1.0$,$\sigma_y < \sigma_x$ 成为小主应力,也就是

$$k < \frac{1 - \nu}{\nu} \qquad (10)$$

满足式(10)时,$\sigma_y < \sigma_x$,σ_y 成为小主应力。

4.3 平面应变零应力方向应力 σ_y 为大主应力的情况

在上述的承德砂试样上进行了小主动应力 σ_x =100kPa、300kPa、500kPa 为常数的平面应变试验,即试验过程中 σ_x 保持不变。进行了大主动应力 σ_z 单调加载试验和 σ_z 加载—减载—再加载的平面应变试验。结果表明,在 σ_z 减小到一定水平时,零应变方向,即 y 方向的主应力 σ_y 变成大主应力,σ_z 为中主应力,σ_x 为小主应力。

图 9 表示了 σ_x = 500kPa 单调加载和加卸载循环时的试验的应力应变关系曲线,图 9b)表示在这个试验中,σ_y 随 σ_z 加、减载的变化而变化。结果表明,当 σ_z 减小到接近小主应力 σ_x 时(σ_z-σ_x=0),平面应变方向存在着明显大于 σ_y-σ_x 的"残余应力",即 σ_y-σ_x>0。减载前的应力水平越高,残余应力越大。在 σ_z 减小到接近 σ_x 时,$\sigma_y > \sigma_z = \sigma_x$。图 10 表示了这种试验在 π 平面上的应力路径,可见在 σ_z 减少到接近 σ_x 时,洛德角 θ 可达到 $60° \sim 120°$,亦即 σ_y 成为大主应力。

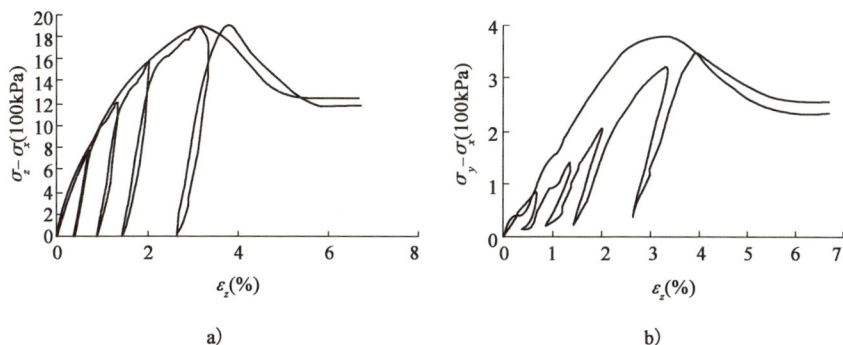

a)   b)

图9 σ_x = 500kPa的平面应变试验曲线

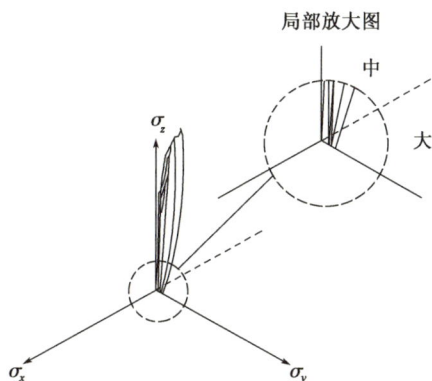

图10 σ_x = 500kPa的平面应变应力循环试验在 π 平面上应力路径

　　类似的情况在 $k = \sigma_z/\sigma_x$ 为常数的平面应变中也会看到,亦即当减载到 $\sigma_z \approx \sigma_x \approx 0$ 时,在平面应变方向的应力 $\sigma_y > 0$。同样存在着"残余应力"。图11反映了 $k = 1.17$ 试验在 π 平面上的应力路径。可见在主动应力加载-减载-再加载的过程中,零应变方向的主应力 σ_y 经历了从小主应力到中主应力再到大主应力变化的过程,再加载又恢复到成为小主应力的循环过程。

　　上述的两种平面应变试验表明,在两个主动主应力 σ_z 与 σ_x 减少到应力差很低时,零应变方向存在"残余应力",其主应力 σ_y 变成了大主应力。

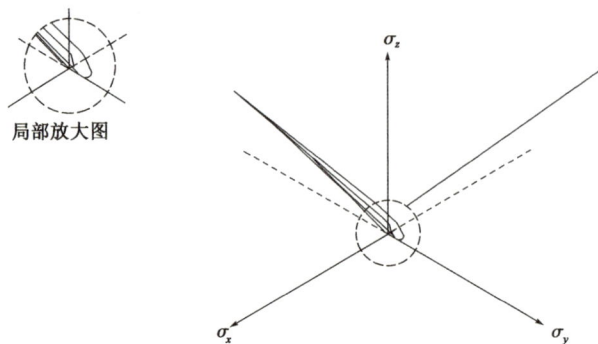

图11 $k = 1.17$ 的应力循环平面应变试验在 π 平面上的应力路径

图12是 $k = 1.17$ 平面应变试验应力应变曲线与在 $\sigma_z - \sigma_y$ 和 $p - q$ 平面上加载—减载应力路径。图12c)表示了等比的 $k = 1.17$ 平面应变试验在 $p - q$ 平面上的加载—减载应力路径。在减载到 $\sigma_z \approx \sigma_x \approx 0$ 时,最后一次减载后, $\sigma_y = 32\text{kPa} > 0$,并且超越了破坏主应力线。其他的等比试验也存在类似的现象,其中 $p = (\sigma_x + \sigma_y + \sigma_z)/3$, $q = \sqrt{\left[\left(\sigma_z - \sigma_y\right)^2 + \left(\sigma_y - \sigma_x\right)^2 + \left(\sigma_z - \sigma_x\right)^2\right]}/\sqrt{2}$。

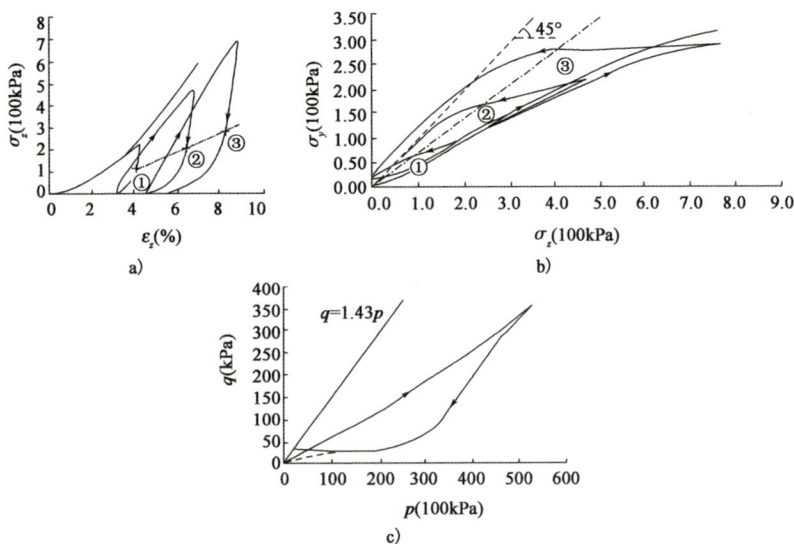

图12 $k = 1.17$ 平面应变试验应力应变曲线与在 $\sigma_z - \sigma_y$ 和 $p - q$ 平面上加载-减载应力路径

可是对于砂土,当两个主应力为零时,另一个主应力大于零,这显然违反砂土的强度理论与强度机理,是不可能的。实际上,由砂土的强度决定,在等比平面应变试验中,当主动应力 σ_z 与 σ_x 减少接近至 0 时,σ_y 必须等于 0。试验中测得的"残余应力"可能是试验误差,他们包括:①试样的橡皮膜的约束;②压力室中的静水压力;③两个刚性边界的摩擦约束;④试样的自重应力等。这些影响在具体试验中是很难完全消除的,在图 12c)中的虚线表示实际上的减载应力路径。

由于土是弹塑性材料,在平面应变试验中存在复杂的情况,在加载—减载—再加载过程中,理论上是弹性应力应变关系;但应力应变曲线的滞回圈表明也会存在着明显的屈服,产生明显的塑性应变。甚至于接近极限状态。平面应变试验是一种变形边界问题,即 $\varepsilon_y = d\varepsilon_y \equiv 0$,土是一种弹塑性材料,平面应变时,$d\varepsilon_y = d\varepsilon_y^e + d\varepsilon_y^p = 0$,或者 $d\varepsilon_y^e = -d\varepsilon_y^p$。

(1)如图 12a)所示,由于对于 $k = 1.17$ 这样的等应力比平面应变试验,加卸载曲线形式与各向等压或者侧限压缩试验曲线较为接近,减载曲线的前部分斜率很陡,近于弹性回弹,在①②③点以下则似乎发生屈服。

(2)通过图 12b)可以发现,在单调加载和再加载时,$\sigma_z - \sigma_y$ 曲线基本呈线性关系,根据胡克定律可以平均泊松比 $\bar{\nu} = 0.253$,但这个泊松比只是借用。其减载曲线的前部分呈斜率较小的直线,计算切线泊松比 $\nu_t = 0.1 \sim 0.2$,由于这段 $d\sigma_y$ 减小速率很慢,可近似于弹性卸载,即 $d\varepsilon_y^p = d\varepsilon_y^e \approx 0$。

(3)在图 12a)和 12b)中,可以发现,在两图的减载后段①②③点以后,应力应变减载曲线斜率突然变缓,可见这是其屈服点。计算的切线泊松比ν,甚至大于0.5。可见这段呈明显的非弹性变形,在y方向发生很大的塑性变形,并且σ_y很快变成大主应力。在这段后σ_z减少加快,z方向的应变ε_z回弹加快,σ_y变成大主应力,在y方向发生屈服,产生了正的塑性应变$d\varepsilon_y^e < 0, d\varepsilon_y^p > 0, d\varepsilon_y^p = -d\varepsilon_y^e$。

"单一屈服面"的常规弹塑性模型无法解释这个问题。即认为沿着一定的应力路径加载到某一应力路径,然后又沿着同样应力路径卸载,在卸载过程中变形是弹性的,这也是"卸载"这一术语的定义。而大量的试验结果表明,沿着原应力路径返回,变形并不是完全弹性的,如图13所示。从图13可见,在卸载—再加载过程中,应力应变曲线并不完全重合,而是表现为"滞回圈"。为此Dafalias和Herrmann提出来"边界面"模型[55],以反映这个过程的应力变形关系。

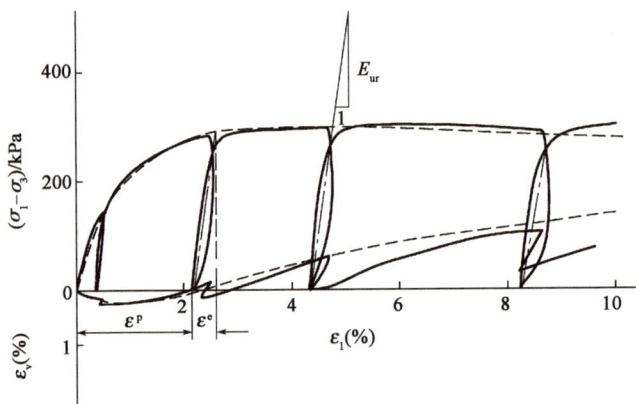

图13 承德中密砂的σ_3=100kPa的常规三轴压缩试验

❺ 结论

在土力学与岩土工程中,平面应变是最常见的抽象化状态,用一个断面进行分析简单有效。但是应当看到现实总是复杂的、三维的,影响因素很多,应当了解具体工程的性质与条件,兼顾整体性与特殊性。企图用一个断面解决土力学与工程中的一切问题,可能会犯错误。

侧限状态与平面应变状态是变形边界条件的问题,土又是一种十分复杂的弹塑性材料。平面应变的零应变方向不一定总是中主应力,只在土体接近破坏状态时它才是中主应力。在不同的应力状态、应力路径和应力历史中,它可以是大、中、小主应力。

平面应变的试验揭示了零应变方向主应力作为大、中、小主应力的不同条件。只有能够反映减载屈服的弹塑性模型,如边界面模型,才能解释诸如滞回圈、平面应变方向的"残余应力"、减载时平面应变方向的主应力转换等问题。

土力学再话

岩土工程安全系数法稳定分析中的荷载与抗力

① 引言

  岩土工程中的稳定分析问题属于承载能力极限状态的范畴,包括边坡、土压力作用的支挡结构、地基承载力,大部分是抗滑稳定问题;也有渗透稳定、倾覆与塌陷、抗浮、流滑与液化等问题。岩土作为天然材料具有复杂性与多样性,很难完全采用可靠性理论对其进行稳定分析,到目前为止,考虑极限平衡的安全系数法仍然是岩土工程中承载能力极限状态设计中的主要方法。

  在这些岩土稳定问题中,安全系数既包括对具体对象计算分析得到安全系数,也包含有关标准、规范中主要根据经验规定的设计容许(最小)安全系数。安全系数法是一种经验方法,亦称"单一安全系数法"。

本文曾发表于《岩土工程学报》2021年第43卷第5期。

它是将工程中包含的一切不确定性因素,都纳入单一的容许安全系数之中。不确定性因素包括作用(荷载)的各种代表值,材料的性质及参数,设计、计算可靠性与精确性以及施工的质量,也包括要满足经济、政治、社会和环境等要求,这就是说用单一安全系数涵盖了各种不确定因素与风险,可以说,"安全系数是个筐,一切不确定因素都往里装",因而在此法中就无需再引入其他系数了,例如重要性系数[56]、工作条件系数[57]、荷载放大系数[14]、分项系数[20]等。

安全系数被普遍接受的定义是抗力与荷载之比,在对对象进行极限平衡分析时,当作用有多项力或力矩等要素时,安全系数基本的定义为:

$$K = \frac{抗力}{荷载} = \frac{\sum_{i=1}^{n} R_i}{\sum_{j=1}^{m} S_j} \tag{1}$$

式中,S_j 为作用的标准值;R_i 为极限抗力。哪些要素属于抗力 R_i,哪些要素属于荷载 S_j 是十分关键的问题,正如毛主席所说,"谁是我们的敌人,谁是我们的朋友,这个问题是革命的首要问题"。在各类稳定分析方法中及各种相关的标准、规范中,对其认识和规定很不一致,亟待进行讨论与统一认识。

如何界定荷载与抗力是有其规则的,不能随意处理,例如不能简单地认为作用于对象上与滑动方向一致的力和或与转动方向一致的力矩都是荷载,反之就是抗力。关于这种界定,目前大体上有以下三种情况。

(1)公认的、约定俗成的荷载与抗力

在挡土结构的滑移与倾覆稳定分析中,主动土压力总是荷载,而被动土压力则是抗力。在一些类型的挡土墙中(如重力式挡土墙),墙体的重力提供了主要的抗力。

在地基承载力问题中,上部结构与基础(及基础以上的土)的自重是主要的荷载,而由地基土自重通过其抗剪强度而产生的地基承载力则是抗力。

在边坡稳定问题中,由自重引起的滑动力 $W_i \sin \theta_i$ 是最基本的荷载,由于 θ_i 可正可负,所以这个"滑动力"可能与滑动方向相反,成为"负荷载",而由土体抗剪强度产生的抗滑力 $W_i \cos \theta_i \tan \varphi_i + c_i l_i$ 则是主要的抗力。

在有些情况下,敌我的区分似乎是约定俗成的习惯。电影界公认的"五大坏人"的五位老演员,一直都扮演反面角色,于是人们在生活与影视中见到他们自然把他们归入了敌方。在土体的极限平衡分析中似乎也有类似的情况。

(2)有争议的、见仁见智的情况

在这种情况中,不同的人会有不同的主张,不同的标准、规范也有不同的规定。其中对于水压力的角色判断常常会出现不一致。同样,某些与滑动方向反向的力,属于负的荷载,还是正的抗力也往往意见不一,难以定论,似乎属于"双面间谍"。

(3)错误的、不被容许的算法

这类算法违背岩土工程的基本概念和原理,不符合同行的共识,"认敌为友或以友为敌",会给工程带来极大的危害,是错误的。

岩土工程安全系数法中的荷载与抗力是一个很复杂和宽广的课题,在我国的有关规范中,出现了各种不同的表示与规定,不同的工程技术人员也会有不同的理解与主张。笔者对此发表以下看法,以期引起关注和讨论。

❷ 安全系数的不同表示

2.1 荷载放大系数与强度折减系数

对于式(1)的 $K = R/S$ 可以表示为 $S = R/K$，或者 $R = KS$。前者的安全系数 K 可称为"抗力折减系数"或"强度折减系数"，它是通过折减抗力或强度以保持一定的安全度，后者 K 可称为"荷载放大系数"，它是从荷载出现的概率情况，评估安全度。安全系数为折减系数最早为毕肖普(Bishop)在边坡抗滑稳定分析中所提出，目前在绝大多数边坡抗滑稳定分析中都在使用它，近年来在有限元边坡稳定分析中它也被广泛地应用，称为"强度折减法"，即 $c_e = c/K, \tan\varphi_e = \tan\varphi/K$。

如果工况极为简单或者计算高度简化，例如用瑞典圆弧法边坡稳定分析，由于不计一切条间力，以土体自重的抗滑力矩与滑动力矩间的关系计算安全系数，上述两种表示法都可以得到相同的安全系数的显式表达式：

$$K = \frac{\sum c_i l_i + W_i \cos\theta_i \tan\varphi_i}{\sum W_i \sin\theta_i} \tag{2}$$

但在一些考虑条间力的相对复杂的边坡稳定分析中，很难得到式(2)这样的显式解，例如简化毕肖普法采用强度折减系数为安全系数，公式为：

$$K = \frac{\sum\limits_{i=1}^{n} \dfrac{1}{m_{\alpha i}}(W_i \tan\varphi_i + c_i b_i)}{\sum\limits_{i=1}^{n} W_i \sin\theta_i} \tag{3}$$

式中，$m_{\alpha i} = \cos\theta_i + \dfrac{\sin\theta_i \tan\varphi_i}{K}$；$W_i$ 为第 i 土条的重力；θ_i 为第 i 土条圆弧中心的圆心角。

　　将安全系数表示为强度折减系数,形成隐式解,需要通过迭代计算得到最小安全系数及相应的滑动面。

　　我国常用的"传递系数法"亦称不平衡推力法,它适用于任意形状滑动面的情况。如果用荷载放大系数表示安全系数,则可得到显式解,用强度折减系数表示安全系数就要用隐式解,在一些情况下显式解会出现失真的解答[58]。

　　以某一滑动土坡(图1)为例,对几个始点与终点相同、圆心角不同的滑弧分别用传递系数法的显式法和隐式法进行计算,设土坡的 $\gamma = 17\text{kN/m}^3, \varphi = 35°, c = 50\text{kPa}$。计算结果见表1。

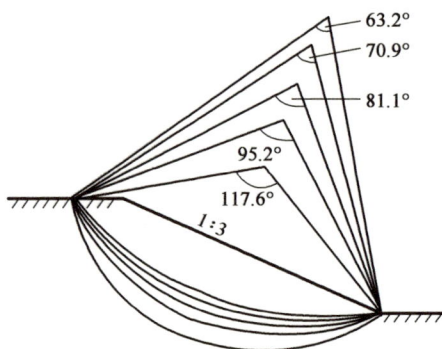

图1　用传递系数法计算的边坡

不同方法计算的结果　　　　　　　　　　　　　　　　表1

圆心角(°)	毕肖普法 K_b	显式传递系数法		隐式传递系数法	
		K_{t1}	$\dfrac{K_{t1} - K_b}{K_b}$	K_{t2}	$\dfrac{K_{t1} - K_b}{K_b}$
117.6	3.020	4.421	46.4%	3.025	0.2%
95.6	2.614	3.199	22.4%	2.620	0.2%
81.1	2.451	2.800	14.2%	2.456	0.2%
70.9	2.371	2.613	10.2%	2.375	0.2%
63.2	2.332	2.514	7.9%	2.335	0.1%

以毕肖普法的 K_b 为基准,可见隐式法的结果与毕肖普法足够近似,而显式法则偏差很大,尤其是在圆心角较大,出现滑动面反翘时,其误差接近50%。

2.2 安全系数的其他表示方法

近年来采用有限元法进行安全系数法的边坡稳定分析也有较快的发展,与各种条分法不同,有限元法考虑了变形协调,因而不需要为满足全部力的静力平衡而作出假设。强度折减系数使用较为普遍,也有其他安全系数的表达形式。

(1)材料强度安全系数

这种定义最早用于材料力学以及结构力学,以材料的强度与其实际受到的最大应力之比定义安全系数,对于岩土工程材料,应为滑动面上材料的抗剪强度与实际剪应力之比,即

$$K = \frac{\tau_f}{\tau} \tag{4}$$

但这只是滑动面上局部的安全系数,滑动面上各点的安全系数都不同,在用于有限元法时,常常沿滑动面平均,得到的平均值作为边坡在此滑动面的安全系数。另外,滑动面在每一点的滑动方向不同,其中的剪应力 τ 也难以合理确定。

(2)矢量和法安全系数

葛修润院士在2008年的黄文熙讲座中介绍了他所提出的"矢量和法安全系数"的概念[59]。他指出了在有限元边坡稳定分析中,通常潜在滑动面非圆弧,可能为折线形,也可能为任意曲线,对于岩质边坡更是如此,他提出的矢量和法安全系数的表达式为:

$$K = \frac{\sum R(\theta)_i}{\sum S(\theta)_i} \qquad (5)$$

式中，θ 为滑坡的计算方向，它是滑坡整体潜在的滑动趋势方向，其正切值可表示为：

$$\tan \theta = \frac{\sum \tau_i \Delta l_i \sin \alpha_i}{\sum \tau_i \Delta l_i \cos \alpha_i} \qquad (6)$$

式中，τ_i 为用有限元法计算的潜在滑动面在 i 点的滑动剪应力；Δl_i 为所取的滑动面 i 点处微线段；α_i 为滑动面在该点的倾角。

可见这种安全系数的定义，就是在滑动面上把作用在各小分段的滑动力矢量按矢量和合成导致可能发生滑动的力矢，称为滑动力矢；把作用于潜在滑动面上各小分段的抗滑力矢量，通过矢量和形成总的抗滑力矢，总抗滑力矢与总滑动力矢之比就是计算的安全系数。

❸ 稳定分析中水的作用

在稳定分析的很多情况下，水起到了极为重要的作用。以土骨架为隔离体，则在骨架上作用的体积力有浮力和渗透力，以饱和土体为隔离体，在其水下各边界面上作用有水压力，水也会在岩体和结构物的各表面上作用着水压力，这些水压力不应随意定义为荷载或抗力。

在判断水压力角色时，应满足：静止水位以下部分的饱和土体、岩体和结构物各边界上的水压力，其总水平分力的代数和为零；竖直分力的代数和必须等于浮力。在渗流场中的饱和土体，作用于其各面上的各水压力的矢量和应等于作用于其土骨架上的浮力与渗透力的矢量和。

3.1　浮力跟着重力走

浮力与重力都是体积力,如果要计算水下饱和土或土骨架的重力,要用浮重度 $\gamma' = \gamma_{sat} - \gamma_w$。其中 γ_{sat} 是单位体积饱和土体的重力,γ_w 是单位体积饱和土的浮力。所以在边坡抗滑稳定分析中,地下水位以下土的滑动力与抗滑力,都是取其浮重度计算。

在基础工程中,验算地基承载力时,需要满足式(7):

$$p_k \leqslant f_a \tag{7}$$

式中,基底平均压力标准值 $p_k = (F_k + G_k)/A$,其中 F_k 为上部结构传下的竖向中心荷载,G_k 为基础自重和基础上土的重力,对稳定地下水以下部分应扣除水的浮力。地基持力层承载力特征值可利用三个承载力系数计算,$f_a = M_b \gamma b + M_d \gamma_m d + M_c c_k$,其中 γ 为基础底面以下持力层土的重度,γ_m 为基础底面以上土的加权平均重度,地下水位以下二者都取浮重度。可见在这种情况下,重力无论是作为荷载还是抗力,浮力总是跟着重力走。

广义上作用于岩土体及结构物下部的扬压力也应属于浮力,例如重力式挡土墙底部的扬压力。在文献[56]中,在抗倾覆稳定验算中,错误地认为所有逆时针力矩均是荷载,同时也将两侧的水压力分别与同侧的土压力一起作为荷载与抗力,如图2所示。

其中,ΣE_{ai} 为总主动土压力之和;h_a 为合力 ΣE_{ai} 作用点至墙底距离;ΣE_{pi} 为总被动土压力之和;h_p 为合力 ΣE_{pi} 作用点至墙底距离;γ_{cs} 为水泥土重度;h_{wa} 与 h_{wp} 为两侧水位深度。

最后它给出的计算墙厚 b 的公式就是按照墙体抗倾覆得出来的:

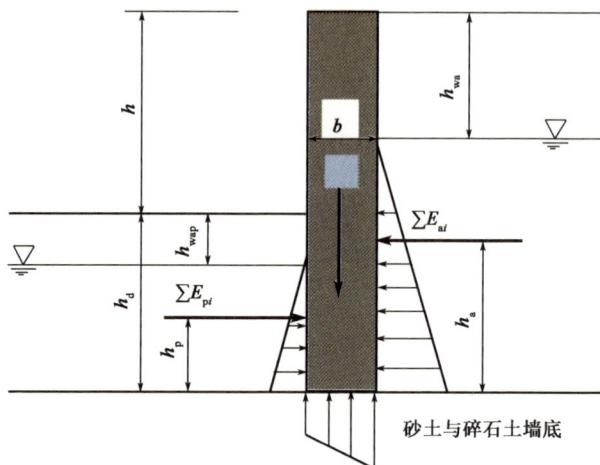

图2　水泥土墙的抗倾覆稳定

$$b \geqslant \sqrt{\frac{10 \times (1.2\gamma_0 h_a \sum E_{ai} - h_p \sum E_{pi})}{5\gamma_{cs}(h + h_d) - 2\gamma_0\gamma_w(2h + 3h_d - h_{wp} - 2h_{wa})}} \qquad (8)$$

式中含有设计的安全系数 $K = 1.2$，可同时又引进了重要性系数 γ_0，可知这个公式至少包含了四个错误：①不应以扬压力为荷载，它应当从水泥土墙自重里扣除；②不应将两侧水压力分别当成荷载与抗力，应当以其差作为荷载；③使用了单一安全系数就不应再计入重要性系数；④对于图示的均匀的"墙底砂土与碎石土"，两侧水压力却按静水压力计算，墙底两侧出现了很大的水头差，砂石土内只能发生无始无终的渗流。

3.2　水压力和浮力与渗透力

对于静水下的岩土体和结构物，我们可以计算其浮力，并在稳定分析中从其重力里扣除，也可计算其各表面上的水压力，两种计算方法的结果应当相等。

图3是一位于水体岸边的有节理缝的条形危岩,它被水体淹没高度的一半,取其单位长度分析。如果节理缝处的摩擦系数为μ,可以先从其重力里扣除其1/4其体积的浮力,计算其滑动的安全系数,也可用其两侧表面的水压力计算,二者计算的安全系数必须相等。后者的安全系数应为:

$$K = \frac{(W\cos\theta - P_{w1} + P_{w2n})\mu}{W\sin\theta - P_{w2t}} \tag{9}$$

式中,P_{w1}为斜面上的水压力;P_{w2}为左侧竖直面上的水压力,将其分解为与滑动面平行于垂直的两个分量P_{w2n}和P_{w2t}。式(9)中,把μP_{w1}当成负的抗力,把μP_{w2n}当成正的抗力,把P_{w2t}当成负的荷载。如果不这样计算,则与扣除1/4楔体浮力的计算结果不相等。

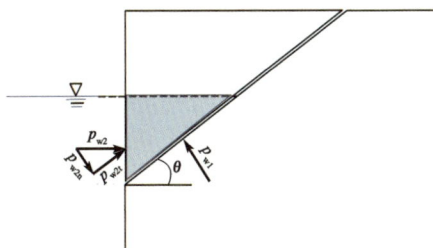

图3 部分在水下的危岩的稳定

对于水土分算情况,《建筑基坑支护技术规程》(JGJ 120—2012)[42]给出的直立支挡结构上水平主动土压力与被动土压力表达式如下:

$$p_{ak} = (\sigma_{ak} - u_a)K_{a,i} - 2c_i\sqrt{K_{a,i}} + u_a \tag{10}$$

$$p_{pk} = (\sigma_{pk} - u_p)K_{p,i} + 2c_i\sqrt{K_{p,i}} + u_p \tag{11}$$

式中,u_a、u_p分别为支护结构外(主动)侧、内(被动)侧计算的孔隙水压力。

可能是为了与此规程中的水土合算的主、被动土压力表达一致,这里将用有效竖向应力计算的土压力，加上相应的水压力，作为"主动、被动土压力"。这样两侧的水压力分别被当成了荷载与抗力，这种做法是错误的。如图4所示处于静水中的墙，如果从自重中扣除浮力，它不存在抗滑稳定与抗倾覆稳定问题。如果考虑三面的水压力，则应两侧的水压力抵消，从自重力扣除扬压力，结果还是不存在抗滑及抗倾覆稳定问题。

图5是一个部分处于静止的地下水位以下的水泥土墙，水泥土重度为 $\gamma_{cs} = 20kN/m^3$，所在土层 $c = 0, \varphi = 30°, \gamma = 18kN/m^3$（水上下相同），两侧地下水位与坑底齐平。按照不同方法处理水压力，计算其抗倾覆稳定安全系数 K_{ov}，计算结果见表2。

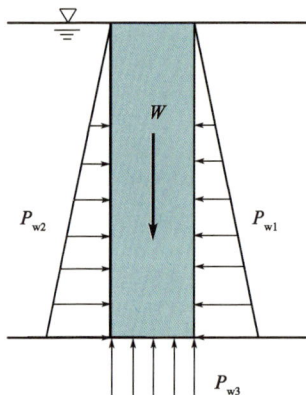

图4　静水下的墙

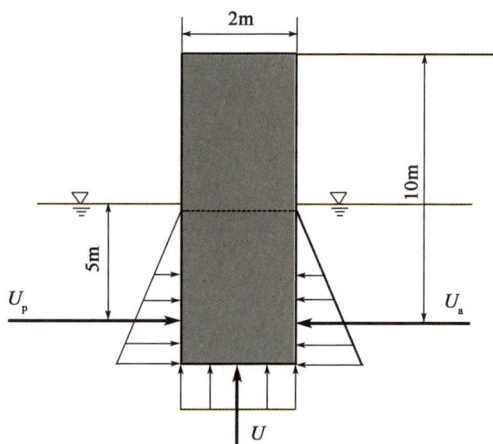

图5　重力式挡土墙上的倾覆稳定

水压力不同计算方法的结果　　　　　　　　　表2

编号	计算方法	K_{ov}
①	水下水泥土用浮重度计算，不计任何水压力	2.55
②	水泥土用饱和重度计算，侧向水压力抵消，从自重中扣除扬压力 U	2.55
③	主动侧水压力为荷载，被动侧水压力为抗力，墙自重中扣除扬压力 U	2.27
④	主动侧水压力为荷载，被动侧水压力为抗力，扬压力 U 为荷载	1.82

可见,水下部分的水泥土按浮重度计算,得到的安全系数为2.55(方法①),第二种算法是两侧水压力抵消,从墙的自重中扣除扬压力 U,结果也是 K_{ov}=2.55(方法②)。若按照文献[42]的算法,将右侧水压力当成荷载,左侧水压力当成抗力,那么 K_{ov} 为2.27,如果按照文献[1]中的方法计算,将扬压力 U 也当成荷载,则安全系数变为1.82。

对于这个问题,上海《基坑工程技术规范》(DG/T 8-61—2010)[60]与冶金部的《建筑基坑工程技术规范》(YB 9258—1997)[61]的处理是正确的,亦即以两侧水压力差的"净水压力"作为荷载,在图6中,当下部为不透水层,上部为含水层时,两侧都作用有静水压力 P_1 与 P_2,其荷载是净水压力 $P_1 - P_2$(见图中阴影部分)。

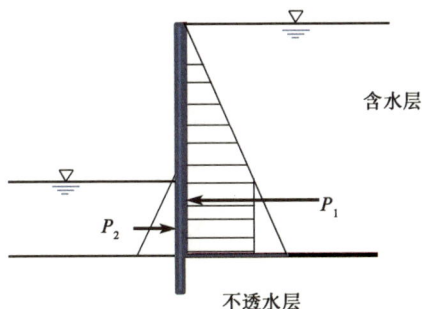

含水层

P_2 P_1

不透水层

图6　支护结构上的净水压力

在文献[14]中,对于基坑坑底承压水的渗透稳定,它以饱和土体为对象分析,如图7与式(12)所示。

$$K = \frac{\gamma_{sat}(t + \Delta t)}{p_w} = \frac{(\gamma' + \gamma_w)(t + \Delta t)}{\gamma_w(t + \Delta t + \Delta h)} \tag{12}$$

如果坑底土中发生向上的稳定渗流,则要验算流土问题,用土骨架为隔离体的静力平衡,用土骨架自重与渗透力表示,流土安全系数为[60]:

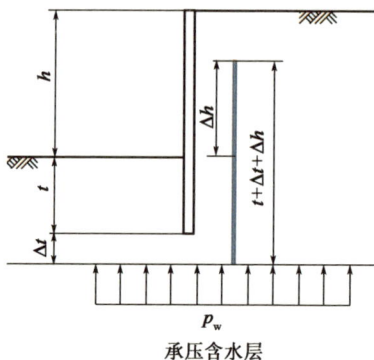

图7　坑底抗渗流稳定验算示意图

$$K' = \frac{\gamma'}{j} = \frac{i_{cr}}{i} \tag{13}$$

如果 $\gamma' = \gamma_w = 10\text{kN/m}^3$, $t + \Delta t = 5\text{m}$, $\Delta h = 2\text{m}$, 按式(13), 用土骨架的有效应力表示, 则安全系数为2.5, 按照式(12)的饱和土极限平衡计算, 安全系数为1.43。可见用饱和土体与土骨架为隔离体会得到完全不同的安全系数值。为了使二者一致, 应当从式(12)的自重和扬压力中均扣除浮力 $\gamma_w(t + \Delta t)$, 则计算结果与式(13)相同。可见在极限分析中, 荷载与抗力出现同质同量的(水压)力, 它们应当相互抵消。

3.3　滑动面上的水压力

如上所述, 在土体滑动稳定分析中, 如果以饱和土体为隔离体, 则在其表面上作用有水压力。滑动面上水的扬压力与滑动面上重力的法向分力方向相反, 使抗滑力(矩)减少。所以在各种抗滑稳定分析中, 都是从法向力中扣除滑动面上的水压力。

在土坡滑动分析的各种条分法中, 条底在水下时要从法向力中扣除孔隙水压力。在图8和式(14)中, 该土条分为 h_{1i}、h_{2i} 和 h_{3i} 三段, 其

中 h_{3i} 位于下游水位以下,按浮重度计算重力就已经等于扣除了浮力,h_{2i} 部分按饱和重度计算自重,对应的压力水头为 h_{ei}、滑面上的孔隙水压力 $u_{ei} = h_{ei} \times \gamma_w$,从法向力中扣除,$h_{1i}$ 部分在浸润线水位以上,取天然重度。

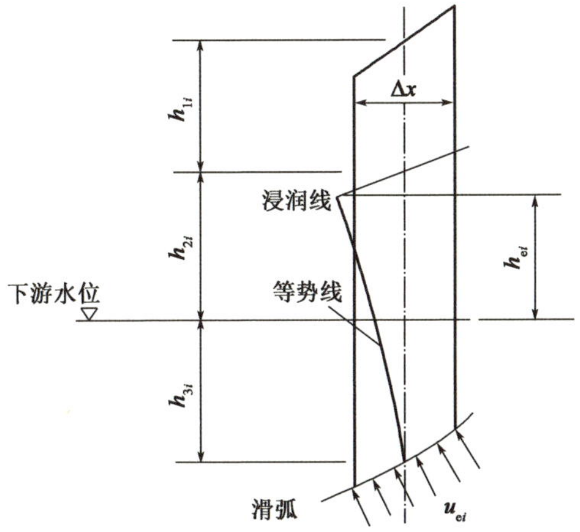

图 8 滑弧面上的孔隙水压力

$$K = \frac{\sum \{ c_i l_i + [(\gamma h_{i1} + \gamma_{sat} h_{i2} + \gamma' h_{i3}) b \cos \alpha_i - u_{ei} l_i] \tan \varphi_i \}}{\sum (\gamma h_{i1} + \gamma_{sat} h_{i2} + \gamma' h_{i3}) b \sin \varphi_i} \quad (14)$$

可见浸润线与下游静水位之间的土体按饱和重度计算,同时在法向分力中扣除孔隙水压力 $u_{ei} l_i$。在岩坡和岩体沿裂缝滑动的稳定分析中,也会遇到裂缝水压力问题,需要从滑动面上的法向压力中扣除水压力。在挡土墙和基础的抗滑稳定分析中,底面在地下水位以下时,法向压力也必须扣除水压力后计算抗滑力。

❹ 滑动面上的反向切向力

在岩土工程的抗滑稳定分析中,滑动岩土体、结构物的重力、作用于土骨架上的渗透力及外部作用(如锚杆)在岩土体上的力等,都会在其滑动面上分解为法向分力和切向分力。相对于滑动方向,这些切向分力有正有负,在不同的标准规范中有不同的规定,这就存在着歧义与混乱。

在岩土稳定分析中的两个要素中,荷载通常具有更大的权重,抗力需要除以安全系数才可以与其平等。所以在具体工程中,减少荷载比增加同样数量的抗力更加有效,即所谓"扬汤止沸,不如釜底抽薪"。譬如自重滑动力 $w_i \sin\theta_i$ 只涉及滑动体的尺寸、重度和倾角,具有较高的真实性,而抗滑力则要采用岩土强度指标这样的不确定性很大的参数,所以前者作为荷载,后者作为抗力,因而反向的滑动力(矩)往往是作为负的荷载。

4.1 岩土体自重的反向切向分力

在边坡稳定分析的各种计算方法中,岩土体自重在滑动面上的切向分力总是被归入滑动力——不论正负。

图9所示为一位于平地内的半圆柱形岩土体,用条分法进行抗滑问题分析,各条自重的法向分力与切向分力分别为 N_i 和 T_i,由于其结构与力系都是对称的,总滑动力矩 $R\sum T_i=0$,不存在滑动稳定的问题。如果硬要计算其滑动安全系数,以一侧的 $\sum T_i$ 为荷载、另一侧的 $\sum T_i$ 为抗力来计算稳定安全系数,岂不是"天下本无事,庸人自扰之"。

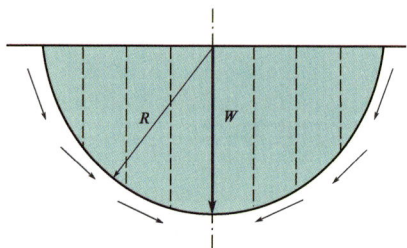

图9　平地内的半圆岩土体

图10为采用传递系数法分析的折线滑动面问题,三块岩土体自重的切向分力分别为:$T_1 > 0$, $T_2 = 0$, $T_3 < 0$。但它们应一律被当成滑动力。如前所述,在传递系数法中,当安全系数表示为"荷载放大系数"时,可得到显式解。在具有上翘的滑动面时,可能出现剩余下滑力为 $P_{n-1} = P_2 \leq 0$,根据最后一块岩土体的剩余下滑力等于0的条件,由于 T_3 为负的滑动力,可计算出该块的总滑动力为零或负值,安全系数无限大或者为负值,即出现邓肯(Duncan)所谓的"数值分析问题"[62]。而安全系数定义为"强度折减系数"则没有这个问题,可计算得到较合理的安全系数。

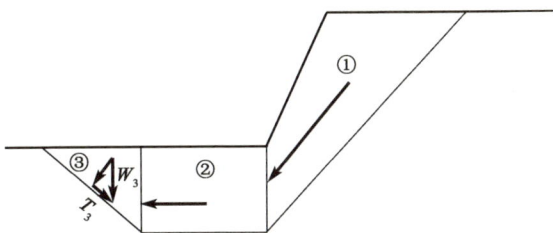

图10 一个传递系数法的例子

圆弧条分法边坡稳定分析见图11,由于 θ_i 可以大于、等于或小于0,则各土条自重的切向分力 $W_i \sin\theta_i$ 可能与滑动方向相同或相反。那么就有两种选择,一是令所有与滑动方向相反的力都产生抗滑力矩;另一种是所有在滑动面上的切向分力都产生滑动力矩,只是正负不同。

(1)如果按照前者(负的滑动力矩为抗力),则安全系数表示为:

$$K = \frac{\sum\limits_{i=-3}^{6}\left[W_i\cos\theta_i\tan\varphi_i + c_i l_i + \left(-\sum\limits_{j=-3}^{0}W_j\sin\theta_j\right)\right]}{\sum\limits_{k=1}^{6}W_k\sin\theta_k} \tag{15}$$

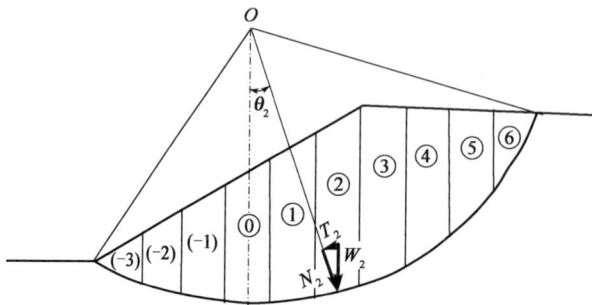

图11　圆弧条分法的边坡稳定分析

（2）如果定义安全系数为"强度折减系数"，则：

$$\begin{cases} c_e = \dfrac{1}{K}c \\[2mm] \tan\varphi_e = \dfrac{1}{K}\tan\varphi \end{cases} \tag{16}$$

安全系数的表达式为（其中分母，即荷载中有一部分为负值）：

$$K = \frac{\displaystyle\sum_{i=-3}^{6}\left(W_i\cos\theta_i\tan\varphi_i + c_i l_i\right)}{\displaystyle\sum_{i=-3}^{6}W_i\sin\theta_i} \tag{17}$$

式（17）就是各种条分法及安全系数的一般表达式。在这种情况下，分母部分切向分力（矩）的不确定性或变异较小，主要的不确定性和风险都在于岩土的强度指标 c 与 φ，所以几乎所有的条分法都是用基于强度折减系数定义安全系数，这样安全系数也就合理地反映了岩土强度参数的不确定性。

4.2　结构物滑动面上的反向切向力

图12摘自文献[14]的图6.7.5-1，为一后倾式的重力挡土墙。

这个挡土墙底部和背部都是倾斜的，其主动土压力 E_a 和挡土墙的重力 G 都可以沿着墙底滑动面分解为法向和切向的两个分力，而它们的切向分力可能是与滑动方向一致或相反。

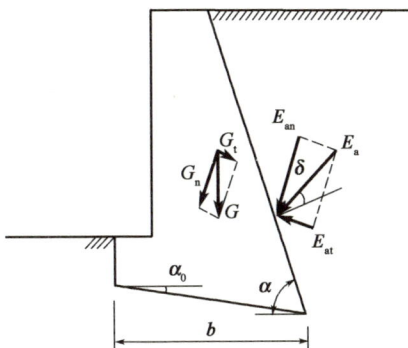

图12　挡土墙的抗滑稳定分析

如果用强度折减定义安全系数,设折减后的摩擦系数为 $\mu_e =$ $\tan\delta_e = \dfrac{1}{K}\tan\delta$,其中 δ 为墙面与土间的摩擦角。

则挡土墙沿墙底滑动的安全系数为:

$$K = \frac{(G_n + E_{an})\mu}{E_{at} - G_t} \tag{18}$$

即将挡土墙自重在基底的反向切向力 G_t 从主动土压力的滑动分力 E_{at}(荷载)中减去,成为负的滑动力,而不作为抗力,这也就是文献[14]中的式(6.7.5-1),是合理的。

4.3　锚杆土钉的切向力

下述情况比较复杂,图13表示文献[42]中的复合土钉墙的稳定分析,R_k 是土钉或者锚杆的轴向拉力(等于施加在滑动土体滑动面处的杆件施加的轴向压力),它作用在滑动面上的两个分力为 $R_{kn} = R_k\sin(\theta_j + \alpha_k)$ 和 $R_{kt} = R_k\cos(\theta_j + \alpha_k)$。

$$K = \frac{\sum c_j l_j + (q_j b_j + \Delta G_j)\cos\theta_j\tan\varphi_j + \sum(R_{kt} + \psi_v R_k)/s_{x,k}}{\sum(q_j b_j + \Delta G_j)\sin\theta_j} \tag{19}$$

其中,$\psi_v R_k$是锚杆的法向分力R_{kn}引起的摩阻力,这里锚杆的切向分力R_{kt}被当成了抗力。

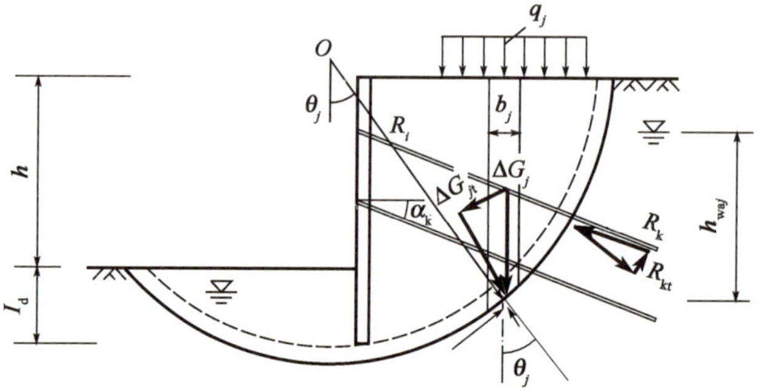

图13　复合土钉墙的稳定分析

而在《岩土锚杆与喷射混凝土支护工程技术规范》(GB 50086—2015)中[63],这个切向力则被当成负的滑动力,见图14和式(20),其中R_{jt}项出现在分母。

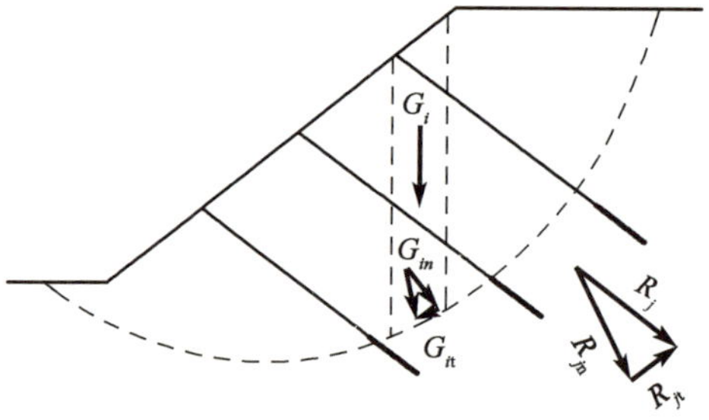

图14　文献[61]中的锚杆加固土坡稳定分析

$$K = \frac{\sum\limits_{i=1}^{n}(G_{in}\tan\varphi_i + c_i l_i) + \sum\limits_{j=1}^{n}R_{jn}\tan\varphi_j}{\sum\limits_{i=1}^{n}G_{it} - \sum\limits_{j=1}^{n}R_{jt}} \qquad (20)$$

这样,两本同是用于支护结构的规范,其规定却相反,计算的安全系数值也不等。这种情况已是屡见不鲜了。这十分不利于我国岩土工程中稳定性的设计与评估,使工程技术人员没有共同的参考标准。

按照强度折减系数定义安全系数,则没有人为任意规定的余地,式(20)就是唯一的。

文献[20]中关于图15中用局部锚杆加固危岩的式(10.2.4),见式(21):

$$K_b(G_t - fG_n - cA) \leqslant \sum R_{ti} + f\sum R_{ni} \tag{21}$$

式中:A 为滑动面面积;c 为土的黏聚力;f 为滑动面上的摩擦系数;G_t、G_n 分别为不稳定块体自重在平行和垂直于滑面方向的分力;R_{ti}、R_{ni} 分别为第 i 根锚杆轴向拉力在抗滑方向和垂直于滑动面方向上的分力;K_b 为锚杆钢筋抗拉安全系数。

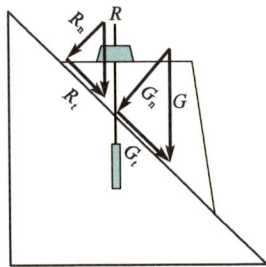

图15 危岩加固

这个公式看起来很别扭,像 fG_n 与 cA 这里的老牌的抗滑力也被划归为"敌军阵营"——滑动力,似乎认为左侧括弧内是"危岩"的剩余下滑力,被当作加固前的滑动力,而锚杆的反向切向力与摩阻力都被视为抗滑力。

如果危岩在没加固时的安全系数为 K_0,K_r 是加固后容许的最小安全系数,则应当用式(22)计算钢筋的极限抗拉拔强度标准值强度 R,$\alpha + \theta$ 为锚杆与滑动面切线间的夹角。

$$K_r = \frac{K_0 G_t + \mu R \sin(\alpha + \theta)}{G_t - R\cos(\alpha + \theta)} \tag{22}$$

❺ 饱和软黏土的荷载与承载力

目前在建筑行业,地基承载力确定的方法通常有以下几种。

（1）地基极限承载力的普遍表达式

$$p_u = \frac{1}{2}\gamma b N_\gamma + \gamma_m d N_q + c N_c \qquad (23)$$

（2）文献[14]中的地基承载力特征值公式

$$f_a = M_b \gamma b + M_d \gamma_m d + M_c c_k \qquad (24)$$

在两个公式中：γ_m为基底以上土的加权平均重度。

饱和黏土地基是按不排水强度指标计算其承载力[14]，在两个公式中：当$\varphi_u = 0°$时，$N_\gamma = 0$，$M_b = 0$，$N_q = M_d = 1.0$。对于普朗德尔公式$N_c = 5.14$，对于太沙基公式$N_c = 5.70$，式（24）中的$M_c = 3.14$。

这时有一个非常有趣的现象，$\varphi_u = 0°$时的两个承载力公式可写成：

$$p_k = \frac{F_k + G_k}{A} \leqslant f_a = \frac{1}{K}(\gamma_m d + N_c c) \qquad (25)$$

$$p_k = \frac{F_k + G_k}{A} \leqslant f_a = \gamma_m d + M_c c \qquad (26)$$

两式也可写成：

$$p_k \leqslant N_c c/K + \gamma_m d/K \qquad (27)$$

$$p_k - \gamma_m d \leqslant M_c c \qquad (28)$$

可见式（28）中$\gamma_m d$这一项可直接从荷载中扣除，亦即在$\varphi_u = 0°$的情况下，它可以像浮力一样从基础自重中扣除，而式（27）中，$\gamma_m d$则被当作承载力的一部分而被除以安全系数K。

文献[14]中关于饱和软黏土（$\varphi_u = 0°$）基坑坑底的抗隆起稳定公式，见式（29）与图16。

$$K = \frac{极限承载力}{基底荷载} = \frac{5.14c_u + \gamma t}{\gamma(t+H) + q} \tag{29}$$

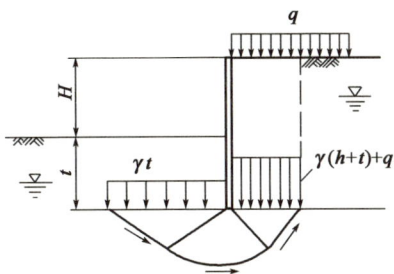

图16　软土基坑的坑底隆起

式(29)存在着一个悖论,如果认为土层的不排水强度 c_u 为常数,则支护墙底插入深 t 越大,其计算的安全系数就越小,这也是由于同质同量 γt 同时出现在分子与分母中,既当作荷载,也当作抗力。

《铁路桥涵地基和基础设计规范》(TB 10002—2005)[64]则正确地认识到这一点,对于浅基础的容许承载力 $[\sigma]$ 公式为:

$$[\sigma] = \frac{5.14c_u}{m'} + \gamma h \tag{30}$$

式中,c_u 为软黏土的不排水强度的黏聚力;m' 为安全系数;γ 为基底以上的土重度;h 为基础埋深。由于 γh 这部分极限承载力没有除以安全系数,这就相当于从荷载中扣除 γh,亦即将 γh 当成负的荷载。p 是基底压力,上式就可写成 $p - \gamma h \leqslant \dfrac{5.14c_u}{m'}$。

6 结论

在用安全系数法分析岩土稳定问题时,区分荷载与抗力是很重要的问题,目前还存在一些歧义与混乱。

当研究的岩土体或结构体全部或部分位于静水下时,最简单的方法就是从其自重力中扣除这部分浮力,当用其各表面上的水压力计算时,则水压力角色的选择,应使计算结果与扣除浮力的计算结果相同。

在渗流场中的饱和土体可取土骨架为隔离体,对于土骨架,水的作用表现为浮力与渗透力两个体积力,而取饱和土体为隔离体时,作用于其表面的水压力角色的确定,应与以土骨架为隔离体的计算结果相同。

在各种稳定分析中,由于荷载项通常以重力为主,其不确定性较小。荷载的权重更大,岩土工程的不确定性与风险主要在于抗力项,由于岩土材料是天然材料,其力学性质的复杂性、分布的不可确知性与影响因素的多样性,使其强度指标是其不确定性与风险的主要部分,因而抗滑稳定分析中普遍使用强度折减系数表示安全系数,以使不确定性集中于抗力项,这样就合理地界定了各力的要素角色,避免了荷载与抗力混淆的问题。

由于荷载的权重更大,一些不确定性小的反向力或力矩,不应作为抗力,而是被当成负的荷载,如图2～图6中左侧的水平水压力,图3中的水压力切向分力P_{w2t},图7中的浮力$\gamma_w(t+\Delta t)$,图9～图12中自重的反向切向分力,图14中锚杆的反向切向力R_{jt},式(30)中的γh等都被当成负的荷载,而不是抗力。

谈谈莱荣高铁的这场闹剧

前段时间,在网上流传河南省三捷实业有限公司(简称"三捷公司")实名举报,在山东省莱荣高铁工程中,由工程施工总承包单位中国第八工程局有限公司(简称"中建八局")负责的三标段复合地基螺纹桩的桩长普遍少于设计桩长,涉嫌偷工减料。有人惊呼工程界的腐败,有人质疑这段高铁质量堪忧,谁人敢坐?进而怀疑我国高铁的安全性与可靠性。消息很快流传于江湖,上达于庙堂,官忧民愤。使相关单位部门"压力山大"。

这段高铁当时已建成一年多,并成功地通过了时速385km的运行测试,测试的轨道平顺性指数(TQI)、安全性指标、脱轨系数、轮重减载率都处于已开通高铁的前列,并拟于2013年10月份通车。突发此议,现场进行检测或维修补救都很难,甚至无法实施。

有关部门找我作为评估咨询专家(后任专家组组长),这是自己专业的事情,责无旁贷。于是以耄耋之年、老迈之躯,奔波于现场,攀爬于路堤,查看了已检测的每一个钻孔,检查了每一层土样与岩芯;调看了勘察报告和设计文件;讨论于会议之中,切磋于同行之间。尽管当时为评估而进行的钻孔、探坑、测试资料尚没有全部完成,但专家与专业人员的基本意见还是较一致的。

这段线路的地质条件甚优:大部分路段路基下花岗岩基岩埋深较浅,即使有全风化与强风化岩层,对于填方路堤,承载力与工后沉降也可轻易地满足。而涉事的第三标段,岩层上有约 10～20m 的土层,自上而下岩土层为填土→粉质黏土→中砂→粗砂→全风化花岗岩→强风化花岗岩→弱风化花岗岩→未风化花岗岩。其中的中、粗砂似乎属于花岗岩残积土,局部还有软塑粉质黏土和淤泥土夹层。

填方路堤高一般在 5～7m,采用螺纹桩桩网结构复合地基。强风化岩埋深较浅的地段采用嵌岩的端承桩[图 1a)],全风化岩层较厚的地段采用桩端在全风化层中的"摩擦型桩"[图 1b)]。

设计采用螺纹桩的桩网复合地基是合适的。这种复合地基近年来在我国高铁路基中普遍使用,经济和技术上经受了实践的检验。《螺纹桩技术规程》(JGJ/T 379—2016)在编写时我提供过一些意见,同时也是主要审查人。螺纹桩既可挤密桩周土体,也节省了螺距间的混凝土,所以在复合地基工程中很受欢迎,应用也很广泛。但它有一个重大缺点,就是它的成孔,不是以螺旋状钻具将土旋出,而是靠挤土钻进,在圆柱段以下,不管遇到什么土层都固执地将土挤向四周而沉桩,挤不动硬挤就会发生电机冒烟,设备烧毁情况。所以在此项目的设计说明中,对于嵌岩桩,设计给出了以桩端嵌入岩层与钻机设备电流达极限的双控标准。

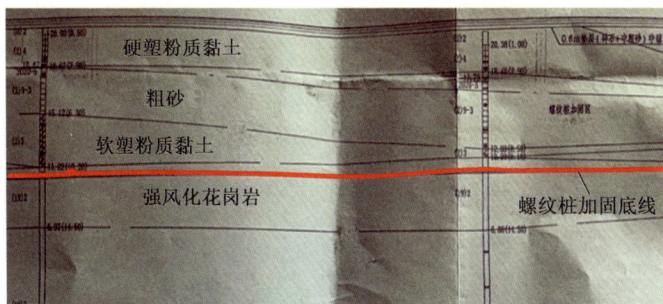

a) 嵌岩桩

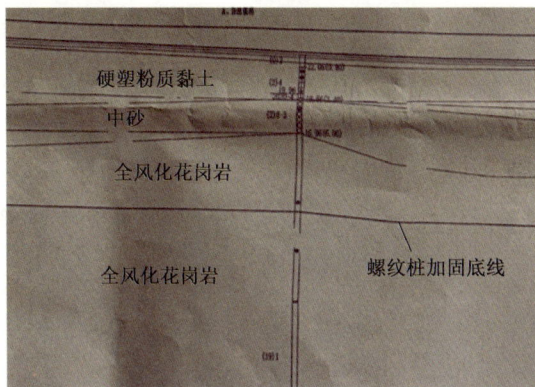

b) 摩擦桩

图1　典型地质剖面图及设计桩端连线

　　工程地质勘察是沿着线路中心纵向每隔50m钻一孔或间隔的并列的两孔，图1中设计的"螺纹桩加固底线（对应于设计桩长）"，就是按照这条钻孔连成的纵向剖面图画出的。在岩土勘察中，建筑物勘察钻孔一般间隔20m，地铁线路间隔30m，高铁线路则为50m。在土木工程场地，岩土层的实际变化很难确知，除滨海平原与三角洲地区等外，50m之间的土层变化很少可平滑连线，常常是随机性很大的不规则曲线，常常出现突变、尖灭、夹层等。20世纪60年代我在黑龙江省的呼兰河大桥建设中负责大桥桥桩钻孔，两个间隔4.2m的钻孔其土层变化都很大。另外，全风化层与强风化层之间界面也不是泾渭分明、可精准判断,而是渐变的,参差不齐的。这次评估为检验桩长在边桩侧钻孔,发现同一个横断面的路堤一侧弱风化岩埋深只有7.7m〔图2a)],这是用合金钻头取出的岩芯,若用可怜的螺纹钻机,连70cm厚的强风化岩(图2a)中石块层)也钻不进去。如撞到南墙也不回头,一定要在坚硬的花岗岩中再挤进7~8m,以达到设计桩长,那真是"挟泰山以超北海""非不为也,实不能也"。而在路基另一侧直到17m才见到强风化岩[图2b)]。所以实际桩长,尤其是对于嵌岩桩,大概率与设计桩长不一致。所以"双控"是必要的。这可能就是举报者所说的有的桩长"甚至不到设计桩长的50%"的情况吧。

图2　同一断面两侧基岩埋深相差10m的情况

在《螺纹桩技术规程》(JGJ/T 379—2016)的基本规定中,"螺纹桩适用于一般黏性土、粉土、砂土、碎石土、残积土及强风化岩等土层",其实"强风化岩"属于岩层,并非"土层",花岗岩是硬质岩,现场钻出来的强风化岩芯,取样呈岩块的模样,这些岩块常常很坚硬,螺纹桩的钻具基本挤不进去,更无法达到如图1a)要求的嵌入深度。花岗岩的风化程度从强到弱依次为：花岗岩残积土→全风化花岗岩→强风化花岗岩(→中风化花岗岩)→弱风化花岗岩→微风化花岗岩→未风化的新鲜岩石。其中残积土也只能算是"类质土"，其中常含有石球与碎石，全风化花岗岩就应是"岩"了(这在工程界似乎意见不一)，螺纹桩也会有钻不进去的情况。后来评估专家组提出以标贯击数 $N = 70$ 为螺纹桩可挤进的界线，就有了定量的标准。

一般来讲，如出现桩长普遍小于设计桩长的情况，施工总包单位中建八局应当与设计单位沟通，或者召开专家会议，形成书面文件。在满足承载力与沉降要求的情况下，改变桩长在工程中是很正常的事情。但是他们没有走这个程序，并且与三捷公司发生了纠葛，从而引发了这场闹剧。

如上所述，在强风化花岗岩层嵌岩的螺纹桩大部分未能按设计图嵌入岩层。其实复合地基一般不提倡桩嵌岩形成完全的端承桩，因为这样不利于充分发挥桩间土的承载力，只靠螺纹桩承担大部分路堤自重与上部荷载。桩间土是大自然赋予我们的载体，它在承载以后会逐渐固结、强化；而螺纹桩是人工制造的，通过桩网结构的膜效应与拱效应承载的，这需要建立在结构与荷载均衡对称的基础上，一旦破坏了结构的对称，它将承担较大的水平力，在长期动车运行的循环荷载下，无钢筋的素混凝土螺纹桩可能出现裂缝、疲劳、损伤。正如人在步入老年时，还是要尽力靠自己的双脚承担自己的重量，不要完全依靠拐杖。所以宁可增加少许沉降，或进行预压，也不宜采用完全的端承桩。

对于进入全风化岩层的摩擦桩，由于遇到岩块而无法达到设计桩长，在满足承载力条件下，对于沉降的影响也是很小的。广东省是花岗岩残积土、全风化及强风化花岗岩分布最广泛的地区，对其处治很有经验。在该省的地方标准《建筑地基基础设计规范》(DBJ 15-31—2016)中,建议可通过标贯击数 N 计算其变形模量 E_0:

$$E_0 = \alpha N \qquad (1)$$

对于 $30 < N \leq 50$,系数 $\alpha = 2.5$。根据莱荣高铁的工程勘察报告,全风化花岗岩层的平均标贯击数标准值为 $N = 38$,则 $E_0 = 95MPa$。那么实际桩长比设计桩长少 $3 \sim 5m$,在这 $3 \sim 5m$ 的全风化花岗岩层范围中,有桩与无桩计算的沉降差别不会大于 $2 \sim 3mm$,而且经过长达半年以上的超载预压,这部分沉降也基本在预压过程中发生了,对工后沉降影响甚微。与高铁路基允许工后沉降 $15mm$ 相比应是无关大局的。

其实,高铁之所以采用桩网复合地基,主要是为了控制沉降,对于如上所述的地质条件与地基处理,其沉降不可能很大,加之此前又进行了堆载预压,所以近两年来的沉降观测数据也只以毫米计。应当说这是一个健康、安全、可靠的工程。

八、九两月,三标段的现场十分热闹:为测桩长,几台钻机不停地在堤脚处的边桩旁钻探取样,在两对轨道之间挖了几处五六米深的竖井,用以检查路堤中间的桩长。有关部门要求检测总桩数的5%,那么两侧所有的边桩和一些中心桩处都要钻孔挖坑,这很难做到,更难做到完全具有随机性与代表性。中心桩的检测则必然要破坏已铺设的桩网结构中的土工格栅,削弱这些桩的桩身强度和摩阻、端阻与水平承载力;也严重破坏桩网结构的均衡与对称,增加桩身的水平力。所谓"边桩"也是桩,有其功能与作用,不应对其损伤,况且沿着两侧路堤堤脚连续钻孔,也减小了路堤边坡的抗滑安全系数,还会把一个本来健康的工程搞得伤痕累累。

三捷公司作为实名举报者，还是"实事求是"地说了，桩长不足是由于"没达到设计深度"，"打不动了"，我查看了当时的录像，当时确实是电机已经冒烟，这就表明岩土层的实际分布与工程勘察和设计不符。但举报者的结论却是"偷工减料"。

岩与土都是大自然的产物，深埋于地下，其分布、岩性与土性极其复杂，是不易甚至是不可确知的。诗人张元干有"天意从来高难问"的诗句，太沙基于1951年在伦敦召开的"建筑研究会议"上抱怨说："On account of the fact that there is no glory attached to the foundations and that the sources of success or failure are hidden deep in the ground, building foundations have always been treated as stepchildren and their acts of revenge for lack of attention can be very embarrassing"[65]，意思是"地基基础很少分享建筑工程成功的荣耀，而地基基础的本身和成败和工作的艰辛都深埋于地下，很容易出问题而受到指责。地基基础工程像是后娘养的孩子，未能得到应有的理解与关爱"。

目前5%的现场实际检测表明，很多桩长小于设计桩长，但也有一些大于设计桩长；根据标贯击数$N = 70$的标准，基本上是按照实际情况完成的桩长，不存在"偷工减料"的问题。

在评估会上，我向专家们讲了自己在20世纪60年代的工程经历。当时我在黑龙江省呼兰县工作，1969年中国和苏联在黑龙江省珍宝岛地区发生边境武装冲突，急需在呼兰河上建造战备桥，我负责钻孔灌注桩的施工。在那个"特殊"的年代，规矩、程序和秩序都被打乱，如此重大的工程竟然无勘察、无钻孔。只确定桩径1500mm，我指挥民工们在河中搭建的木架上，用"大锅锥"在河底钻孔，昼夜跟班。每钻一锥，就查看是什么砂砾土，再根据民工推钻的费力程度判断其松密，从一本油印的规范中查摩阻力。当最后计算总承载力接近设计荷载两倍时,立即下令停钻,下导管浇筑混凝土。记得有两个孔,民工换了两班,仍然没有进尺,孔内泥浆下降很快,但计算的安全系数只比1.8多一点,手头没有另外的机具,最后果断地停钻。当时"技术权威"们都没解放,我是现场唯一的技术负责人,只能从实际出发,负起这个责任。这座桥用了近50年,功德无量,如图3所示。

图3　呼兰河大桥

据说在20世纪70年代末,作为副总理的陈永贵曾当面指责邓小平同志,反毛泽东思想。小平同志反问陈:毛泽东思想的核心是什么?陈答不出,邓严肃地指出:毛泽东思想的核心就是实事求是,一切从实际出发。

实事求是,一切从实际出发,理论与实践紧密结合,确实是马克思主义、毛泽东思想的根本观点。

从常识即可判断,中建八局不会为了捞取几米混凝土的小钱而丧心病狂地不顾工程质量与安全,故意减少桩长而"偷工减料",原因还是在于"打不动了"。但其未能与设计方沟通,违章违规,又不能正确处理与化解矛盾,成为这场闹剧的主角,应当为造成的巨大的损失负责。

而作为实名举报者的三捷公司发现了问题,却不在施工时、施工后举报,也未在工程竣工时举报,而是在竣工近两年后,行车试运行已完成,通车在即时举报。为泄愤或私利掀起轩然大波,造成巨大的经济、工程质量、社会的损失和影响,损伤了我国高铁的声誉,还能够泰然处之吗?

当我在检测钻孔、挖探坑现场挥汗如雨的奔波考察时,看到那些工程技术人员和工人们穿着水靴与工作服在闷热、酷暑与泥泞中辛苦地劳作,"足蒸暑土气,背灼炎天光",但不是在加固工程,而是在无奈地损伤工程,让人情何以堪?所谓"工程伦理"中的"伦"是指人际关系,"理"是指行为准则。中建八局与三捷公司的有关人员是否应自检一下工程伦理与职业道德,清夜扪心,不应有些愧疚吗?

我们每个人不也应在这场闹剧中学到点东西吗?

回顾岩土工程界的几次讨论与争论

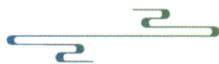

《岩土工程学报》创刊40周年，邀请我写一点东西以示纪念。回顾岩土工程界的几次争论，我都参与了，写下如下文字。

《岩土工程学报》已经创刊40年了，对比书案上20世纪80年代"面黄肌瘦"的版本和现今宽大厚重的体魄，感觉它确实是长大了。感谢水利科学研究院多年的培育和扶植，使它立足于岩，扎根于土，风雨寒暑40年，枝繁叶茂地屹立在虎踞关上。

1979年正是全国奋起，全民奋进的年代，岩土界的老先生们劫后余生，痛惜失去的十余年，一方面努力向国内介绍这期间国际上岩土界的学术进展，一方面尽力组织队伍，后起直追；中年的岩土科技人员则满怀斗志，热情地拥抱"科学的春天"；而刚刚考入各大学岩土专业的

本文曾发表于《〈岩土工程学报〉创刊40周年纪念文集》(河海大学出版社,2019年)。

青年们,则努力地耕耘,憧憬着未来。为适应这一形势,黄文熙先生以其崇高的学术威望和人格魅力,联合六个学会,创建了《岩土工程学报》这一在岩土界最具学术声望的刊物。

在20世纪80年代的初期,青年岩土科技人员尚未走到前台,1978年"文化大革命"后首次招收研究生,清华大学报考岩土工程专业的考生很少,连黄文熙先生也没有招到考生(我是从本系水工专业转来的)。包括后来的全国第一批三个岩土专业的博士生也都是"前朝的遗珠",如大熊猫一样被单槽饲养着;大批新科的秀才们还都嗷嗷待哺,尚未出栏。所以尽管20世纪70—80年代的学报其貌不扬,文章的作者却几乎都是院士与大师们。

如果按照现今"杰青"的标尺,我那时尚可忝列为青年。在1986年的第一期上刊登了濮家骝老师和我的"土的本构关系及其验证与应用"[66]一文,这是1985年在湖北老河口召开的"土的抗剪强度和本构关系学术讨论会"的一个大会综述报告。老河口会议是一次可列入我国岩土工程史册的会议,一方面名人荟萃,我有幸见到了当时岩土界几乎所有的著名学者,另一方面,也是岩土界两代人的首次会面与碰撞。记得那篇文章的参考文献多达182篇,成为以后土的本构关系研究的索引之一。我在研究生期间才学习英文,在选题之前,黄先生要我至少精读100篇英文的关于土的本构关系的论文,当时是逐字逐句的笔译,硬皮的笔记本就用了十余本。可是当时只记下来期刊和文章名,未记年代、期号和页码,那时又没有网络,撰写此文时,只好又跑图书馆逐篇落实,教训颇为深刻。

到20世纪90年代,国内百花齐放的土的本构模型研究已经持续了十余年,人们开始注重其工程应用,并注意到一些脱离工程实际的理论研究倾向。在1991年第五期发表了我的"关于土力学理论发展的一些看法——兼与杨光华同志商榷"一文[67]，此文的内容有的放矢，其观点受到一些工程界老专家的赞同，但也存在一些片面性。杨光华是从力学学科转到岩土工程领域的，后在广东水科所(院)工作，理论与实践都没有偏废。后来他在料峭的寒风中，从广州来到北京，投师于我，完成了水平很高的博士论文。将广义位势理论删繁就简，力求实用，在计算三峡二期围堰应力变形中起到了重要作用，并获得广东省科技进步一等奖。目前已成为我国岩土界为数不多的具有深厚的理论功底和丰富实践阅历的专家。也可以不谦虚地说，其中也有我作为导师的功劳，我们十分融洽的师生关系从来没有受到这篇颇为尖锐点名批评文章的影响。

从2006年起，黄文熙讲座要求撰稿人亲自报告，当年我的报告题目是"土的清华弹塑性模型及其发展"[11]，报告完成后，又讲了一个简短的"岩坛六弊"[68]，主要内容为研究生由于遵照发表论文的指挥棒而出现的一些投机取巧的做法。后来有人投书于我，认为其中的某个例子对他产生了很大影响。我只能表示道歉：对其中的例子当时是只记其文，未记其人；有意揭弊，无意伤人。

岩土界另一次著名的争论发生在20世纪之末。当时颁布了《建筑基坑支护技术规程》(JGJ 120—1999)[56]，其中关于支护结构上的水土压力分算与合算，在岩土的学术与工程界都引起旷日持久的广泛争论。北京水利科学研究院的陈愈炯先生在学报的1999年第二期发表"基坑支护结构上的水土压力"[69]一文，对南京水利科学研究院魏汝龙教授的一些相关文章[70,71]中的观点提出异议，魏先生给予回复。本文不拟介绍各自的学术观点与主张，也不作评议，只讲其过程。这样你来我往几个回合之后，文章的温度逐渐升高，语言也火星时现，同行的朋友们很不安，也令具体负责的南科院张宏宇副主编十分为难。记得是王正宏教授向我建议：是否请黄文熙先生在学报上说几句话？我就找了黄先生，说明来意，黄先生笑而未答。我猜想可能是这样变成两个近80岁的老学生斗气，由90岁的老先生劝解，岂不成了岩土界的笑话？当年召开土力学的年会，大家把两位先生安排在宴会的同桌，老朋友们作陪，结果杯酒释前嫌，大家都很高兴与释然，体现了我们水利界的岩土人乐山乐水仁爱睿智的风度。

后来在2000年，第三期学报发表了我和沈珠江先生的文章[72,73]，《编者按》指出"本期发表了李广信、沈珠江两文，既是这一讨论的继续，也是这一讨论的终结"。

进入21世纪，一场规模更大，旷日持久的争论发生在2002年前后，它是1982—1983年那场争论的继续[74]。先是在2001年第六期学报发表了毛昶熙先生等人的论文"渗流作用下土坡圆弧滑动有限元计算"[75]，文章以土骨架为对象，通过渗透力计算渗流对土坡稳定的影响。随后在2002年第三期同时刊出三篇讨论文章[76-78]，其中一篇是由我的博士生执笔，我也署名。毛先生对它们均做了答复[79]。我们那篇文章只是讲①用饱和土+孔隙水压力与用土骨架+渗透力，计算有渗流的土坡的稳定是完全等价的；②一般用孔隙水压力计算较为便捷。其他讨论者也都承认一般情况下二者是一致的，但有些情况二者会有差异，并且很难讲哪一种更优越，但是对于用渗透力计算基本还是持否定态度，争论也只限于瑞典圆弧法，认为发展和推广考虑条间力的更先进分析方法是必要的。

2003年学报第六期的《焦点访谈》上发表了沈珠江先生的文章

"莫把虚构当真实——岩土工程界概念混乱现象剖析"[80]。沈先生作为学报的主编,澄清一些长期模糊的土力学概念,是无可非议的。但文中最后写到"作为主编,笔者同意在岩土工程学报上发表毛昶熙教授的论文,是有所考虑的,即通过进一步讨论让岩土工程界有更多的专家认识到这一研究方向的错误"。联系到2002年抛出成批讨论文章,似乎是有组织的行动了。这就引起了毛先生的不满,认为这不是一个正常的学术讨论的氛围,并且发展到向上级机关申诉。

近年来对我在学报发表的与渗透力有关的两篇文章[81,82],毛先生都发文给予指教,可见他对此还是没忘却。毛老先生现已年过百岁,他不懈于求索,也不屑于计较应是其长寿之道。愿老先生如松柏长青,以期今后更多的聆听教诲。我也在论文中指出:"渗透力是渗透水流施加到由颗粒组成的土骨架上的力,是现实存在的,作用关系是明确的。在汹涌的人流中,如果你与其他几个人形成'骨架',企图不动以阻挡人群,在人群'渗透力'的冲撞、挤压与拖曳下,十有八九会被推倒与踩踏;这时还认为渗透力是虚拟的吗?'忽闻海上有仙山,山在虚无缥缈间',那才是虚拟。而视经典为现实,视现实为虚拟,正是这种书斋化的倾向。"

回顾这些讨论与争论,都是岩土界具有方向性或者具有广泛工程实际意义的问题,学人们相互间的切磋加深了对岩土的理解与认识。基于土的工程性质的复杂性,有很多不准与不确的问题,讨论、争论与辩论是取得真知的途径;争论而无果,可以存疑,无须定要争出对错,论出胜负。诗经的《国风·卫风·淇奥》有:"有匪君子,如切如磋,如琢如磨";子曰:"就有道而正焉,可谓好学也已"。即使经典如《论语》,记录的是圣人之言,也非"句句是真理",其中有圣人之言,也有师生间的问答,也有师生间的辩论。

学报应敢于和善于组织讨论与争论,作者间应勇于讨论与交流,读者也应乐于参与这些环节。

土木工程话土木

① 引言

2024年是《土木工程学报》创刊70周年，作为该学报20多年的老(副)主编，编辑部"属予作文以记之"，情不可却，即以此文交差。

Civil Engineering 在我国被译为土木工程，这一译名历史久远，约定俗成，似乎少有异议。Civil Engineering 这个工程门类或学科，最早出现于古罗马时期。Civilization 意为文明，西方考古界认为一个古文明的存在的标志是它的都城与文字。所以他们承认中华文明有3000多年的历史，始于殷商，证据就是安阳的殷墟与甲骨文，而我们自己声称的5000年文明史及中华文明始于夏朝目前就缺乏这两个确切的依据。一群考古学家，由国家集中组织并攻关《夏商周断代工程》项目，辛苦考据了几十年至今也没有确认夏代及其都城。因而可知 Civil Engi-

本文曾发表于《土木工程学报》2024年第47卷第6期。

172

neering是伴随着人类文明出现，与城市（都城）有关的，为适应城市基础设施建设需求而设立与发展的，它包括了与城市建设有关的广泛领域，如结构工程、岩土工程、交通工程、水利工程等。

现在我国的住房和城乡建设部（简称"住建部"）主要负责建筑工程与土木工程，与住建部类似的主管机构还有水利部与交通运输部。清华大学早期的土木工程学系包括现在的土木工程、水利工程与建筑工程等学科，当时水利工程专业在其中以"水利组"的形式存在。1952年院系调整，水利工程单独成系，把岩土工程（土力学）也归进了水利工程系，教学科研都在水利工程系，土木工程系则没有这一专业。当时国内各地涌现出一批著名的水利院校、科研院所、设计院和工程局。水利工程成为一级学科，单独建部、成系（院、校），这在国际上比较少见，国外通常是将Hydralic Engineering隶属于Civil Engineering。这可能与当时我国全面学习苏联有关；也可能是因为我们是一个农业大国、农耕民族，饱受洪水与干旱之害，自大禹治水以来，治水常常成为各个王朝艰苦而重要的任务；近年来以兴建三峡工程为标志，在西南地区大兴水利水电工程，对国民经济的发展起到举足轻重的作用。

我国土木工程的历史久远，涵盖范围广，春秋时期左丘明所说："高山峻原、不生草木；松柏之地，其土不肥，今土木胜，臣惧其不安也。"也就是说"土木之工，不可擅动。"古代封建王朝普遍设立六部，其中工部也可以说是土木工程部，不过工部尚书比现在的住建部部长职权高很多，如工部也负责机械、冶金、纺织等，治水也是其重要的工作。

我国将Civil Engineering译为土木工程的独特之处在于它不是以其职能，而是以两种天然建筑材料——土与木命名。稍加注意就会发现，中国古代建筑中民居与殿堂庙宇几乎都是木结构，而其他古文明，如古巴比伦、古埃及、古希腊,甚至古印度,其神殿、教堂、城堡、城市公共建筑基础等主要是石结构。木结构建筑不易保存,易毁于战乱与雷电。我国古代著名的宫殿,如阿房宫、未央宫、大明宫以及南北宋的宫殿均已焚毁无存,所谓"伤心秦汉经行处,宫阙万间都做了土"。我国的四大名楼及许多著名庙宇在历史上都经多次烧毁与重建。现存的故宫在我们精心地保护和维修下也仅有600多年的历史,历史最久远的应县木塔,已留存近千年(辽清宁二年,1056年)。而意大利古罗马时期的竞技场、万神殿、国会大厦广场等古建筑已历时2000年,至今尚可开放供人参观游览。中外典型的古建筑见图1。

a) 古罗马的竞技场   b) 故宫太和殿

c) 应县木塔   d) 斗拱结构

图1　中外典型的古建筑

中华民族善于用木材兴建殿堂庙宇,并将木结构技术发展到极致。榫卯连接的承重木制柱梁檩椽,尤其是精美复杂的斗拱结构都是木构件,见图 1d)。北宋李诫编著的《营造法式》,第 2 ～ 10 卷介绍的制作制度中,只有第 3 卷涉及石作制度,其余均为木竹、泥瓦等。石材主要作为基石、装饰和装修材料。相反,在其他古文明的大型建筑物中,木材多用于室内装修与家具制作。

为什么我国古代大型建筑不广泛使用石材而使用木材,可能是由于中华民族是以农耕为主的民族,即所谓大河文明,聚集在大河的中下游台地与滩地,容易获得与运输的材料是木材。另外,受浩瀚的太平洋及印度洋板块与亚欧板块碰撞形成的庞大山系的庇护与阻挡,中华古文明诞生并传承于世界之东方,极少向外扩张与掠夺。而西方的一些古文明是海洋文明,航海技术发达,这也意味着国际贸易与掠夺征战频繁。古巴比伦文明、古埃及文明、古印度文明,以及次生的古希腊文明与波斯文明,大多位于亚、非、欧三洲的交界处,集中于地中海沿岸、中东这些历史上战乱频发的区域。人类古文明似乎也遵循"丛林法则",几大古文明碰撞的结果往往是战争,烧毁城池宫殿,掠夺财富、奴隶、女人和工匠。古希腊时期的亚历山大东征就进攻了波斯、古埃及、古印度、两河流域,在占领了波斯帝国的波斯波利斯后,抢夺了大量的珍宝,并将当时最豪华的宫殿付之一炬。而我国历史上的争战主要是改朝换代,或同一文明体系下不同民族间的战争与同化,所以中华文明是四大古文明中唯一未间断而延续至今的,这也明显地影响了建筑材料与风格。

北京先后成为元、明、清三朝的国都,虽经历王朝的更替,城市基本没有被摧毁,而是逐渐发展、完善。1403 年明成祖朱棣决定将国都从南京迁到北京,1406 年开始筹建皇宫,1417 年全面开工,1420 年完成,建成了宏伟的紫禁城,1421 年大明王朝将首都从南京搬迁到了北京。明末崇祯十七年(1644年)正月,李自成建立大顺政权,年号"永昌",不久攻克北京,推翻明王朝,举行了登基仪式,这个前明朝的邮差(驿站的驿卒)终于实现了"皇帝轮流作,今天到我家"的梦想。随后吴三桂引清兵入关大败李自成的兵马,又一路追杀到北京,李自成匆匆退出北京。他在北京前后只停留了42天,未对故宫进行大的损坏。清兵入关,建立了大清王朝,将明宫改为清宫。严格保护了明十三陵的墓葬群,维修、扩建与充实了紫禁城,使其成为大清帝国统治的中枢与象征。1912年辛亥革命推翻了清政府,溥仪颁布退位诏书,随后皇族被赶出故宫。但是无论是北洋军阀还是中华民国政府都精心地保护了故宫的建筑与文物。后来袁世凯宣布恢复帝制,称1916年为"洪宪元年",在太和殿登基,也只风光了83天,龙椅还没有坐热乎就被推了下来。据说他只对龙椅位置做了一点调整,随即灰溜溜离开了故宫。后来共产党和国民党之间的平津战役,北京能和平解放主要原因之一就是双方都不愿让战火毁灭故宫等建筑、古迹与文物,成为千古罪人。

可见,在我国的封建社会,当社会矛盾激化时,那些揭竿而起的领袖们会打起"分田地,均贫富"的大旗,号召推翻旧王朝,踏平金銮殿,砸碎龙椅,而一旦自己攻进了皇城,坐上龙椅,想到的却是如何加固它。

不同文明间的碰撞与冲突情况则要惨烈得多,成吉思汗的蒙古大军,在灭金以后,进攻南宋,其时已渐被汉化,起用了很多金人和北方的汉人为官吏,占领大江南北是为了统治与享受,而不是毁灭。而他的西征,直打到多瑙河,沿途大肆烧杀、破坏,是一种"拿不走的就把它破坏"的异族心态。1860年,古希腊文明的继承者英法联军攻入了北京,在大肆掠夺之后,10月18—21日,将圆明园的雕梁画栋(木结构)一把火烧得灰飞烟灭。也是基于类似的强盗心理。圆明园现存两个完整石结构部件，一个是绮春园的石拱残桥的拱券，见图2a）；另一个是长春园的大水法的拱门，见图2b）。一百多年来，无论是人，还是自然，都很难在结构上破坏它们。

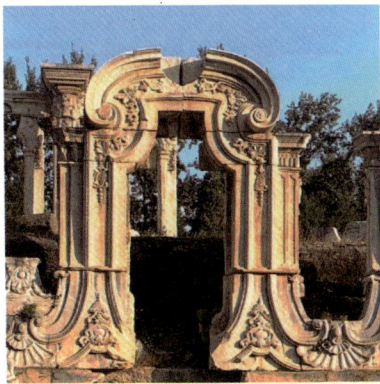

a) 石拱残桥   b) 大水法拱门

图2　火烧后圆明园残存的两处石结构

❷ 人类与土木

《尚书·洪范》中谈道"五行：一曰水，二曰火，三曰木，四曰金，五曰土"。在这"五行"中，土、木和水是天然的物质，也是进化后的人类最先接触、最容易获得、与之关系最密切的物质。远古的人类几乎一无所有，只能利用大自然的馈赠生存。

2.1　人类与土

《易传》有云"地势坤，君子以厚德载物"，地者土也。大地以其宽阔的胸怀与厚重的品格承载万物，哺育万物，生发万物，归藏万物。它为人类的祖先提供了栖息地、载体、武器、工具与材料。《尚书·洪范》有云"土爱稼穑"，即土地是古人类衣食之源与生存的基础。

我国黄土高原窑洞的历史可以追溯到五六十万年前，黄土地上最早的直立人,使用打制的三棱尖状石器,在黄土崖壁上可轻易地挖掘洞穴而居。从距今约6000年的以仰韶文化及半坡文化为标志的母系氏族社会繁荣期的新石器早中期文化,到距今约4000年的以龙山文化为标志的父系氏族社会的新石器晚期,黄土高原窑洞逐渐发展与完善。土穴窑洞式居住形式最早发生在黄河中游、晋陕峡谷两岸的黄土高原上,从传说中的炎黄时代开始,先民们经历了从原始穴居到人工穴居、半穴居,最后促成了丰富多彩的土窑洞的出现[83]。

对远古人类威胁最大的是洪水与猛兽。6000多年前在黄土高原上生活的先人们,在其部落聚集地(今西安市半坡村)的四周开挖了深和宽均为5~6m的壕沟以蓄排水及防御猛兽与外部落的入侵。《山海经》记载,在4100年前"洪水滔天。帝乃命禹卒布土以定九州",这里的"卒布土"就是"水来土掩",大兴土方工程以堙塞洪水。大禹治水是十分辛苦的,充分发挥了艰苦奋斗的精神:"劳身焦思,居外十三年,过家门而不入";他也很重视规划和测试,"左准绳,右规矩",亲自勘察测量,规划设计。大禹治水成功的关键恐怕还是治水方略的正确,不是单纯依靠息壤来拦截洪水,而是湮(塞、填)、导、蓄相结合,正如《史记》所讲的"开九州,通九道,陂九泽,度九山",终于战胜了洪水。大禹科学地运用不同的土工构造物治理洪水,已具有了跨流域规划的视野。

在石器时代,人类采用打制与磨制的石器以捕猎与耕作,这些石器的原料就是土类中的碎石与块石;后期制作的陶器、瓷器、砖瓦等的原料即为黏土。

2.2 人类与木

很多灵长类动物都会以树枝、木棍作为工具或武器,从猿进化而来的人类,天生与树木亲近。古人类会熟练地使用树枝与木棍,随后将其与石器结合做成投枪、长矛、长柄的石斧等,用于狩猎与伐木。在古希腊文明、古埃及文明和玛雅文明中,出现了大量的石结构建筑物,其中石材的运移、吊装大概率要用到木材。

五行里讲"木曰曲直",可是木材是人类最早使用的建筑材料之一,其优势在于它是天然材料,易于获得与运输,也易于加工。

灵长类动物几乎都是树栖的,从猿到人的标志之一就是从树上移居到平地,使用两条腿行走与奔跑。但为了避免野兽的侵袭,晚上还会回到树上休息。《韩非子·五蠹》曰:"上古之世,人民少而禽兽众,人民不胜禽兽虫蛇,有圣人作,构木为巢,以避群害。"我国古代传说"有巢氏"教人构木为巢,结巢而居。浙江余姚河姆渡的干栏式木结构被誉为华夏建筑文化之源。

根据历史遗迹可知,中国最早的桩基础距今大约有7000年,出现在浙江宁波附近的河姆渡,作为古代干栏式木结构建筑的基础,是由圆木桩、方木桩和木板桩组成的桩基础,见图3a)。圆木直径为6~8cm,板桩厚2.4~4.0cm,宽10~50cm,木桩均下部削尖,入土深度最深达115cm,是桩基础的雏形。木质桩基用于桥梁,历史也很悠久。据《水经注》记载,公元前532年,在今山西汾水建成的三十墩木柱梁桥,即为桩柱式桥墩;秦代的渭桥、隋朝的超化寺、五代的杭州湾大海堤,都是古代木桩基础应用的范例。古代治河、截流、护岸等水利工程中,竹、木桩也被大量应用。

随着古人类在不同区域进化、繁衍、迁移,木结构在不同的地区各自发展演变,出现了建造在地面上的各类房屋建筑,并形成了独特的中国木结构体系。中国古代木结构民居大体上可分为抬梁式、穿斗式、井干式三种类型。其中抬梁式结构多出现在北方[图3b)],穿斗式结构多出现在南方[图3c)],井干式结构多出现在盛产木材地区[84]。

a)干栏式结构

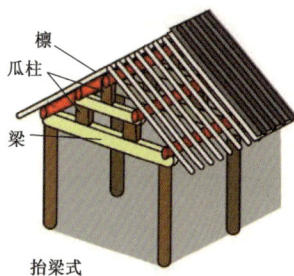

檩
瓜柱
梁

抬梁式

b)抬梁式结构

坊

穿斗式

c)穿斗式结构

图3　北方的抬梁式结构与南方的穿斗式结构

距今5000多年的良渚文化发源于太湖流域,良渚古城位于杭州市余杭区瓶窑镇境内,是由宫城、王城、外郭城和外围水利系统由内而外组成的完整都城结构。普通百姓的房屋多建于自然高地上,民居以"木骨泥墙"构成四壁,屋顶为坡度较大的四面坡或两面坡式草顶,多以茅草编排铺就。木结构已出现榫卯连接,有白墙、天窗等。其中心宫城面积30万 m²,体现了"古之王者,择天下之中而立国"的思想,在宫殿区发现了35座长方形房址,朝向多为南北向,体量巨大,排列整齐。它是目前所知的我国最早的宫殿区,也是史前时代规模最大的宫城遗址。土木结构的宫殿十分宏伟壮观,大型木构件撑起了整个建筑的框架。十几米长的木构件之间以榫卯方式相连。墙体则以竹子为骨,用草拌泥一层层平整地涂抹在上面,将较为纯净的黄色黏土调和成泥浆刷于外壁。随后经过约500℃高温多次炙烤形成了红烧土墙体。据此,考古学家倾向于认为良渚古城所在地区是个以神权为纽带的区域性王国[85]。

西周的宫殿位于王城中央最重要的位置,将太庙和社稷分置于左右,初步确定了中国宫殿的总体格局。岐山宫殿是我国已知最早最完整的四合院,已有相当成熟的布局水平。秦汉之后我国的宫殿建筑逐步完善,木结构的框架与砖瓦成为我国古建筑的象征。

战国时期的建筑可从河北平山中山王陵墓的出土文物一窥全貌,墓中出土的错金银铜版兆域图(中山兆域图),是已知我国最早的一幅用正投影法绘制的缩尺工程图。

北宋时期李诫的《营造法式》可以说是当时奉旨修编的土木工程施工和工料定额的“国家标准”。它系统地总结与介绍了唐宋时期建筑的施工制度、用料规范,是我国古代土木工程建设的经典之作。

我国古代之所以以木材作为主要建筑材料,首先它资源丰富,在黄河流域等地分布有大量茂密的森林;其次它易于加工,用石器即可完成砍伐、开料、平整、作榫卯等工序,青铜工具以及后来的铁制斧、斤、锯、凿、钻、刨等工具的使用,使得木结构的技术水平迅速提高。中国古代勤劳睿智的能工巧匠,采用柱网框架式结构从技术上巧妙地突破了一般木结构不足以支撑重大建筑物的局限。先进的设计思想成就了中国许多建筑奇迹,也使中国走上以木建筑为主流的设计道路。

木建筑结构轻巧、经济实用、工艺简单、施工迅速。木结构使用灵活性大,无论是水乡、山区,还是寒带、热带,都能满足使用要求。木结构建筑具有良好的抗震性能,它是由柱、梁、檩、枋等构件形成框架来承受屋面、楼面的荷载以及风力、地震力等,墙并不承重,只起围蔽、分隔和稳定柱子的作用,因此民间有"墙倒屋不倒"之谚,可大幅度减少人员在地震中的伤亡。

但是,目前包括我国在内的现代建筑中,木材已经逐渐从建筑材料中淡出。由于被掠夺及多年过度砍伐,我国原始森林已寥若晨星。分布于云贵川的金丝楠木、小兴安岭的红松以及台湾阿里山的桧木这些珍贵的木材所剩无几,已被严格地保护起来。人工培育的次生林生产的低端木材难为栋梁之材,而动辄几百米的超高层建筑也非木材所能支撑。

目前钢材与合金材料、钢筋混凝土、各种合成材料与复合构件几乎完全替代了木材,"土木工程"已经越来越名不副实了。人造的钢材、合金与钢筋混凝土取代了天然的木材,从一个方面证实了"五行"中的"金克木"。也证实了恩格斯在《自然辩证法》中所说的"我们不要过分陶醉于我们对自然的胜利,对于每一次这样的胜利,自然界都报复了我们"。人类过度砍伐原始森林,使金丝楠木、紫檀木、花梨木等稀缺到以克论价,堪比黄金。乘高铁从北向南,看到富起来的农村,民居几乎都是钢筋混凝土结构的二三层小楼。但在美国,民居目前还主要以木结构为主;在日本,木结构的民居与店铺也很常见。

珍贵木材的稀缺,使一些保留下来的古木建筑的维修都很难维持。清朝乾隆年间,维修太和殿,只能将多株东北红松绑箍起来代替明朝永乐年间的高20m,直径2m的单根金丝楠木殿柱。近年来,重修圆明园的呼声不断,但即使我国成为世界上第二大经济体,即使土豪不惜重金捐助,恐怕寻遍全球也凑不齐重修那些殿堂所需的金丝楠木等珍贵木材,那么只好采用钢筋混凝土修建仿古的殿堂。人们如果置身于这样的"假古董"之中,恐怕比面对现在残破的圆明园遗迹还要无奈与感伤。我国著名的"四大名楼"都重建了,笔者有幸都登临过。可是在冬天冰冷、夏天酷热的钢筋混凝土柱林中,面对满江雾霭,再没有"衔远山,吞长江。浩浩汤汤,横无际涯"的美景,也就提不起吟诗作赋的雅兴。古人在那些名木建造的名楼中,应可感受到木制梁柱案椅的悦目、温润与清凉,以及与大自然相通的"不以物喜,不以己悲"的超脱与灵感。如果把古代那些文人雅士请上这些混凝土仿制的名楼上,估计绝难写出《岳阳楼记》《黄鹤楼》《登鹳雀楼》与《滕王阁序》这样千古流传的诗文。

2.3　人类将土与木结合

针对《山海经》中所说的"帝乃命禹卒布土以定九州",屈原在《天问》中质疑道:"洪泉极深,何以填之?"亦即面对既深又急的洪水,投入碎散的土石极易被冲走,那又是怎么填筑呢? 所谓的"息壤"可能就是人们把竹木捆扎、编织成笼、成筐、成捆,然后盛装、包裹石块、泥土,在现场制成巨大的木石复合体用以堵塞决口,整治河道[86]。

5000 多年前,良渚古城外围建造了规模宏大的水利工程,共有11 处土坝,总土方量约为 260 万 m³。其中人们用草将淤泥包裹绑扎成块,通过竹排运输,砌筑在坝体内部,称为草裹泥。它用泥(湖相沉积的淤泥)为芯,用荻、茅草包裹,用芦苇、芦竹绑扎。以上各类植物,皆为当地沼泽湿地内常见的草种,因此推知当在附近湿地直接加工,运输而来。鉴定显示芒荻类植物的取材时间当在其开花之后的秋冬季,这符合当地一般在农闲的旱季修水利的习惯。这种草裹泥抗冲刷、固结快、防渗、填方稳定,加工、搬运、砌筑方便,是我国古人的重大发明,见图4。

a) 草裹泥的材料与制造

b) 5000年后坝体中的草裹泥

图4　良渚古城土坝中的草裹泥

　　公元前256年,秦代李冰父子在四川的岷江兴建闻名中外的都江堰水利工程,从图5可以清楚地看到所发明使用的杩槎具有模仿河狸筑坝的痕迹。在都江堰工程中,普遍使用竹、木、石混合的材料,如杩槎、竹笼、条排等。将它们连接成整体,可分可合,组合后体积及重量巨大,抗冲刷,运输、布置方便。用于截流、拦洪、筑堰、护岸,是治水的强大武器。

a) 都江堰工程中的杩槎　　　　　　　　b) 河狸用树枝卵石建造的拦河坝

图5　都江堰工程中所用的杩槎

西汉时期,汉武帝讨伐匈奴,为运送粮草,修建过一个超级工程——大汉漕渠。该漕渠穿过灞河,经渭南、华县到华阴市北进入渭河,全长300里。人为地使两河交叉,水流紊乱,极易冲刷河岸,采用了大量的木桩、沉箱(木箱中装块石)、埽捆(用灞河两岸的柳条、麻绳裹碎石、砖瓦)护岸,见图6。

a) 大汉漕渠使用埽捆护岸　　　　　　b) 木箱中装满石块的沉箱护岸

图6　大汉漕渠使用埽捆与沉箱护岸

西汉时期,"治水者茨防决塞"(引自《慎子》),即用"茨防"堵塞决口。汉武帝"自临决河,令群臣、从官自将军以下皆负薪,卒填决河,下淇园之竹以为楗"(引自《汉书》),其中的"楗"应当是桩;汉成帝建始七年"以竹落长四丈,大九围,盛以小石,两船夹载下之,三十六日河堤成",见图7a)。从残留的汉长城可以看到,它是以当地的土石加树枝层层夯实建造,"非皆以土垣也,或因山岩石,木柴僵落,溪谷水门,

稍稍平之",见图7b)。

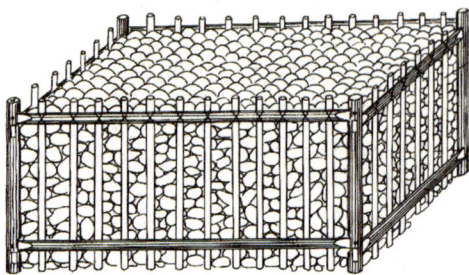

a) 汉成帝时期堵塞决口用的"羊圈"　　　　　　b) 汉代古长城树枝加筋

图7　西汉时期治河与筑城使用的加筋土

③ 结论

（1）Civil Engineering 在我国被译为土木工程,但从两个名词的历史沿革、学科范围和行政隶属等方面看,还是有一些差别。我国的土木工程以自然界的两种天然材料——土与木命名。作为人类四大古文明之一的中华文明,几千年来无论是民居还是殿堂庙宇,多是木结构的,我国古人在木结构建造方面的工艺、经验、理论与标准等都达到了同时期全世界的最高水平。其他古文明,则更精通于建造石结构。这是由地理、历史、经济与文明的属性所决定的。

（2）从猿进化到人以来,土就是与人类关系最密切的物质。自古至今,土为人类提供了栖息地、武器、工具与材料;土也是农耕民族的衣食之本。我国古人在黄土高原窑洞居住的历史可以追溯到五六十万年前,至今在黄土高原,窑洞仍然是民居的主要形式之一。

（3）我国不同地域的人们创建了不同类型的木质房屋,在河滩湿地,多采用干栏式民居;在北方地区,多采用抬梁式结构,以较厚的砖、土墙保暖;在南方温暖地区,多采用穿斗式结构;在盛产木材的地区,多采用井干式结构。我国宫殿建筑可追溯到良渚文化时期,几千年来,木制的楼堂殿宇成为华夏文明的宝贵遗产。但随着现代建筑的发展及木材资源的匮乏,木结构逐渐被钢材及合金材料、钢筋混凝土、合成材料与复合构件所代替,木材逐渐淡出了土木工程。

(4)我国古人在与大自然抗争中,尤其是在治水工程中,就地取材,因地制宜,聪明地将土、木材料结合起来。在河流的上游,他们用竹木与碎石、卵石组合,形成巨大的结构体,拦洪筑堰、堵塞决口;在塞外戈壁与黄土高原,用柴草与砂石做成埽捆,堵口抢险,护坡护岸,或采用树枝与砂石筑墙建坝;在河湖滩地,用苇草包裹淤泥,筑坝砌墙。

听课与点评

在2024年武汉召开的第十四届土力学及岩土工程学术大会上，有优秀青年教师《土力学》示范讲课的环节，我作点评。这些青年教师的讲课，从概念、技巧与节奏来看，掌握都是很好的，体现较高的素养与水平。当时提出一些意见与想法，总结后写在这里，与各位老师交流。不妥、不确、不对之处敬请指出。

① 土力学的学、写与讲

1998年，我在新加坡国立大学学术访问时，曾听过一位外国专家的讲演，他的意思是：学一门课程，能够理解掌握85%左右就算优秀了；写文章、编教材，能正确表述其95%就可胜任；而要讲好一门课程，就应当有超过100%的相关知识储备。对此我深有同感。

学生学一门课程，在课堂认真听课，课后复习时就能够基本掌握课程的基本概念、理论与方法；完成作业；应付考试，就很不错了。写

土力学

文章、编教材时，对于不解、不清、不熟之处，其实有回避的余地。"好读书而不求甚解"，有人写作或编书，对于不"甚解"的内容也可选择绕过或照抄。可以回避自己说不清的内容，但不可胡说，以免误人子弟。

20世纪80年代，我国迎来了"科学的春天"。学子们的精神状态极佳，求知欲超强。记得每次课后及考前的答疑，都被围堵追问。教材的边边角角都会被问及，也提出一些教材内外的我没有想到的问题。他们并不完全是为了考试的分数，表现的是对知识的渴望与追求，很是令人感动。我常会老实地答曰"我也不清楚"，然后再去请教、去查阅和去思考。那时由于"土力学"课程的学时较多，教学环节除了几个班的大课，还有实验课以及小班的习题讨论课。在习题讨论课上，师生间的交流较为自由，主要是对于发下去的作业题目的总结，大课内容的扩展与讨论以及小测验等。一次，由我们教学经验最丰富的一位老教师亲自讲授习题课，我当时刚获得博士学位，上岗培训，在下面听课学习。对于图1所示的作业题进行讨论，要求绘制土中的总自重应力 σ_z、孔隙水压力 u 和有效自重应力 σ_z' 的分布。

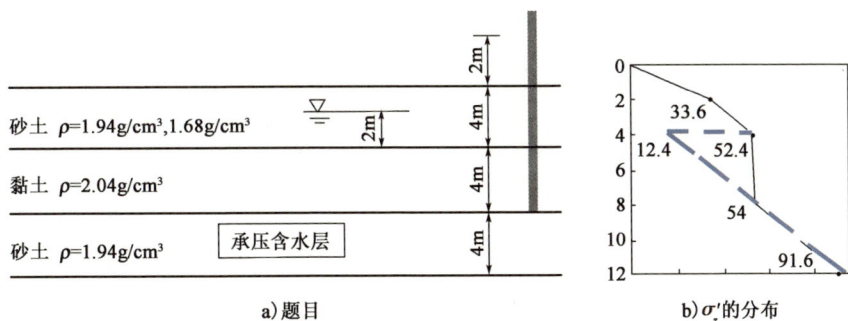

a) 题目　　　　　　　　b) σ_z' 的分布

图1　习题与解答

在讨论分析了此题的几种易犯错误后，突然有个同学问道："如果在4m深处铺一层塑料膜，有效自重应力会是如何分布？"这位老教师反应不及,居然被问住了,我对此印象深刻。其实这种问题,都是首先计算总自重应力,然后根据边界条件计算孔隙水压力,二者之差即为有效自重应力,如图1b)中的虚线所示,这里孔隙水压力和有效自重应力在塑料膜处是突变的。

② 土力学中的两易与两难

看到公布的本次讲课的题目我不禁莞然而笑了,"有效应力原理"与"朗肯土压力理论"这两个题目果然还是热门,被多位讲课老师选中。在本科"土力学"课程教学中,有两个似乎易讲的题目,一个是"有效应力原理",另一个是"朗肯土压力理论"。

对于饱和土体的有效应力原理,太沙基主张,既然该原理已被大量的实践所证实,无须再进行颗粒间关系定量的探求。但在国内外的本科《土力学》教材中,讲到有效应力原理都附有一幅示意图,如图2所示。

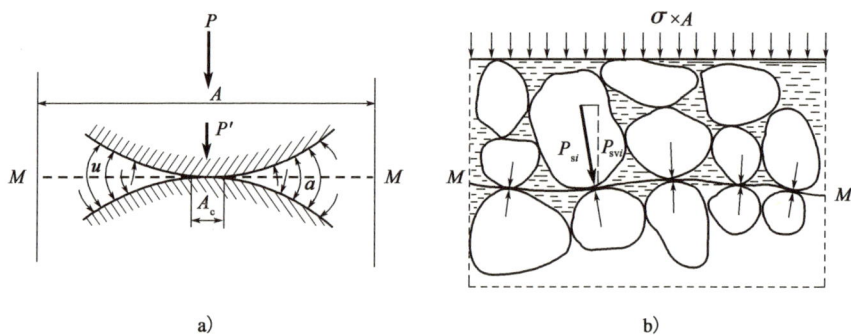

a)   b)

图2　不同教材中有效应力原理推导示意图

图1a)最简化、偏于抽象,只用了两个同样的球形颗粒接触的局部,将粒间接触力简化为竖向力,忽略颗粒接触面积,从竖向静力平衡条件和孔隙水与土骨架的颗粒间力的传递,清楚易懂地推导出:

$$\frac{P}{A} = \frac{P'}{A} + (A - A_{\mathrm{c}}) \frac{u}{A} \tag{1}$$

由于 $(A - A_{\mathrm{c}})/A \approx 1.0$，$P'/A = \sigma'$，所以

$$\sigma = \sigma' + u \tag{2}$$

由于习惯于经典力学的抽象，这种讲法是完全可以为本科大学生接受的。图1b)最早出现在清华大学1994年出版的《土力学》第一版。它较为形象地表示出土颗粒的真实形状、用通过各接触点的曲面取隔离体，考虑总荷载 $P = \sigma A$ 与各颗粒间接触力的竖向分力之和和曲面 $M\text{-}M$ 的水平投影面 A 上的总水压力间的平衡。这种方法更贴近实际，数学力学稍繁一些，但为学生接受应当不难。有的教师讲起来常有些疏漏，比如没强调 A_{s} 是接触面积的水平投影，没强调接触力的竖向分量 P_{sv}，没讲清 A 是曲面 $M\text{-}M$ 的水平投影面积；A_{w} 是面积 A 扣除颗粒接触面积的水平分量 A_{s} 后的孔隙水的水平投影面积。这种讲解与推导，会使学生们心服口服，你也会很有成就感，这时你可能对于太沙基的"无需颗粒间的相互作用进行定量探求"颇有腹诽。但这时如果有一个学霸请教你："老师，如果这是黏土颗粒，其结合水相互接触，颗粒间相接触的结合水传递的是孔隙水压力还是有效应力？A_{c} 是多少？"你会怎么回答？所以还是太沙基更聪明。他早已说明了：渗流固结试验与工程实践都为该理论（$\sigma = \sigma' + u$）建立了很好的基础，无须对颗粒间力的相互作用进行定量探求——他轻轻地绕过了这个陷阱。

另一个很讨巧的题目就是朗肯土压力的推导，因为它可以从朗肯极限应力状态出发，用上一章的莫尔-库仑强度理论轻易地推导出来。

在本科"土力学"课程的教学中，也有两个很难讲透彻，不容易被学生理解与接受的题目。其一是渗流固结微分方程的推导，另一个是

土的三轴排水、固结不排水与不固结不排水(单剪试验的快剪、固结快剪与慢剪)强度指标的问题。饱和土体一维渗流固结部分的概念源于有效应力原理,那个弹簧活塞水桶的物理模型形象易懂,但难在微分方程的正负号。有一位"经典力学"功底深厚的老先生曾撰文指出,一本《土力学》教材在推导渗流固结方程中正负号错了8次,但由于8是偶数,最后又得到了正确的方程式。

由于《土力学》教材规定应力、应变以压为正,所以对于侧限压缩试验中土的体应变表达式为:

$$\varepsilon_v = -\frac{\Delta V}{V_0} = -\frac{\Delta e}{1 + e_0} \tag{3}$$

其中,ΔV为土的体积增量,土的体应变就是单位土体的负的体积增量(压缩);在侧限压缩试验的试样中,当$V_s = 1.0$时,$V_0 = 1 + e_0$,$\Delta V = \Delta e$,Δe为试样土体的孔隙增量,试样发生压缩,必然孔隙减小,即为$-\Delta e$。

推导中达西定律的表达式为:

$$\nu = ki = -k\frac{\mathrm{d}u}{\mathrm{d}l} \tag{4}$$

其中,$\mathrm{d}u / \mathrm{d}l$中的$\mathrm{d}u$为沿着渗径$\mathrm{d}l$的孔压$u$增量;由于水向低处流,$i$定义为水力坡降,$i = -\mathrm{d}u / \mathrm{d}l$。如果定义$i$是水力梯度,因梯度方向是水头增加的方向,则$i = \mathrm{d}u / \mathrm{d}l$,达西定律被写为:

$$\nu = -ki \tag{5}$$

饱和土体的固结与不固结、排水与不排水强度的难点在于,学生不知道在三轴试验中为什么突然关上阀门,突然又打开阀门,或者在直剪试验中突快突慢,玩的是什么游戏;为什么土体有剪胀趋势就会产生负超静孔隙水压力,土体压缩趋势会产生正孔隙水压力;正负孔隙水压力与总应力路径和有效应力路径是什么关系。记得我第一次讲课时，这里就没讲清楚，对此印象颇深。所以，此前最好启发学生的生活经验，问一问为什么雨天在黏土路上快走容易跌倒，而慢步则较为安全。结合第四章的超静孔隙水压力及其消散，介绍在黏性土地基上快速施工加载为什么不安全，而预压固结就比较安全。如果你再讲如下小故事，同学们就会更容易理解了。

如果下雨天你没带伞，在黏土地面上仓皇快跑，大概率会不幸跌倒；如果你心境平和，徐徐慢行，如苏轼那样"莫听穿林打叶声，何妨吟啸且徐行。竹杖芒鞋轻胜马，谁怕？一蓑烟雨任平生"，你就会一路平安。原因在于你快跑时，饱和黏性土与你的鞋底间存在由你的自重压力产生超静孔隙水压力，而且因为你跑得很快不及消散，接近于不排水强度，即 $\varphi_u=0°$，土骨架上无有效正应力产生足够的摩擦反力，即"反者道之动"。"吟啸且徐行"的苏轼先生穿的是芒鞋，其中芒即为芒荻，所以芒鞋即为草鞋，与皮革相比，它具有良好的排水性和很强的摩擦力。所以苏轼是利用的大约是固结不排水强度指标而前行。

③ 朗肯土压力理论

以上谈及的"土力学"讲课"两易"之一就是朗肯土压力理论。这部分内容好讲、易懂，理论衔接紧密、平顺，是"土力学"中难得的更贴近"经典力学"的部分，当年我当学生时，此前学习了第五章"土的抗剪强度"，学习了莫尔-库仑强度理论，对于具有很强数理基础和一定生活经验的清华工科学生，$\tau = c + \sigma \tan\varphi$ 这样的公式和 $\sigma_3 = \sigma_1 \tan^2(45° - \varphi/2) - 2c\tan(45° - \varphi/2)$ 这样的理论是极易理解与掌握的。关于极限状态的莫尔圆，滑裂面的方向等也属于基本常识。

听完、看完、做完第五章作业后,第六章就是土压力与挡土墙,联系第三章半无限土体静止土压力状态后,接着讲的就是朗肯土压力理论。

课堂上,老师首先画出半个黑板的半无限砂土体,其应力状态是静止土压力(侧限)状态,$\sigma_h = K_0 \sigma_v$。然后在黑板上擦去了左侧的一半土体,用一垛竖直的、地面以下无限深、表面光滑无摩擦的刚性墙 $m-n$ 代替左侧土体挡住右侧土体(图3)。这时右侧土体的应力状态保持不变,仍然是 $\sigma_h = K_0 \sigma_v$。然后让这面墙离开土体向左平移,老师问学生土体的水平应力有什么变化?学生回答:变小了。老师讲:如果墙移动到一定位置,土体应力就会达到其强度,成为朗肯主动极限平衡应力状态(图3),这种情况下,竖直应力不变,一直是大主应力,即在深度 z 处 $\sigma_v = \sigma_1 = \gamma z$,相应深度 z 处的水平向小主应力就从 $\sigma_h = K_0 \sigma_v$ 减小到 $\sigma_h = \sigma_3 = \sigma_1 \tan^2(45° - \varphi/2) = \tan^2(45° - \varphi/2)\gamma z$,将水平应力定义为主动土压力,表示为 p_a,则 $p_a = K_a \gamma z$。$K_a = \tan^2(45° - \varphi/2)$,就是朗肯主动土压力系数;土压力沿墙直线分布;墙后土体滑裂面与水平面夹角为 $45° + \varphi/2$。

在这次的讲课中,有的老师没有按照这样的步骤,而是一开始就给出了具有固定墙高的示意图,这样朗肯极限主动应力状态就不好讲了。如图4所示。如果按照图4解释墙体离土平移并达到朗肯主动极限平衡应力状态,还必须增加一个条件:土体下的地面必须是无限光滑,没有摩擦力的,否则土体下部一定范围内土与地面间的摩擦,存在剪应力,土体内水平正应力和竖直正应力都不是主应力,也就不可能出现朗肯主动极限平衡应力状态,见图5c)。

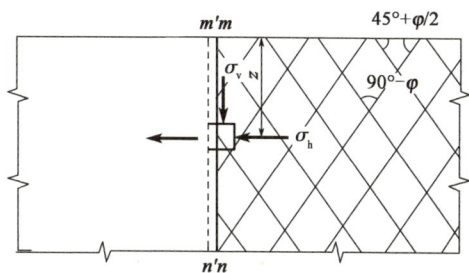

图3 朗肯主动极限平衡应力状态　　图4 有限高墙后土体的朗肯极限平衡
　　　　　　　　　　　　　　　　　　　　　应力状态

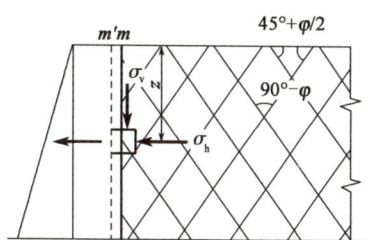

　　朗肯极限平衡应力状态所引出的朗肯土压力理论是一种理想的、精确的理论解。涉及具体工程中的挡土墙时,则需要一些近似与假设。如图5所示,只有墙体绕着墙踵旋转时,才会在墙后局部土体内产生朗肯主动极限平衡应力状态,墙上压力接近朗肯土压力理论的计算值呈三角形分布。其他两种情况[图5b)和图5c)],由于地基不可能光滑,就与朗肯土压力相差甚远。

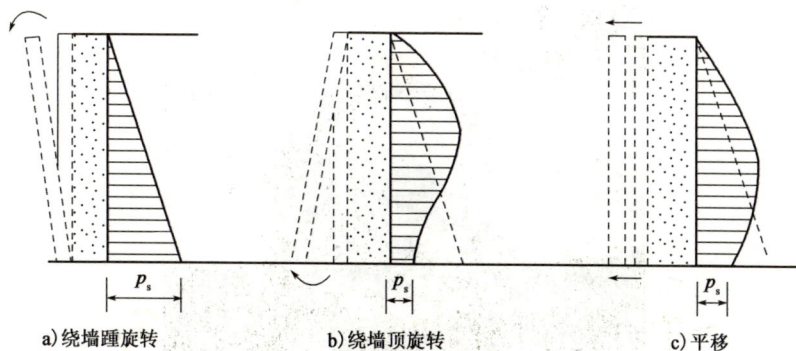

　　a)绕墙踵旋转　　　　　　b)绕墙顶旋转　　　　　　c)平移

图5 墙体的移动形式与主动土压力分布

　　朗肯土压力理论是建立在土体极限平衡理论基础上的精确解,其完整的适用条件是填土表面水平、墙背竖直、光滑,如果墙体位移形式不能限定,那还应当是地基光滑。这里填土水平、墙背竖直在现实工程中很常见,但是墙背不可能光滑,工程上也是不合理的,因为这会增加工程施工难度,也会加大主动土压力这一荷载。所以,人们不会为了适用于朗肯土压力而努力把墙背磨平、涂油使其光滑,正如不会努力把自己的脸洗净,涂脂抹粉而让人把耳光打得更响亮一样。

❹ 有效应力原理一百年

Mitchell 称有效应力原理是"土力学"的"keystone",中文可以将其译为"拱心石",可见其分量之重。图6为圆明园遗址公园中原有的200多座桥中唯一结构尚完整的残桥。其拱顶处的倒梯形石块就是"keystone",在建桥时,先在桥位填土夯实,修成半圆的"土牛",然后从两侧桥台开始向其上砌弧形块石,砌到中间,则安置预制好的拱心石,整体形成拱效应,之后就可以挖除填土,拱桥可承受巨大的荷载。

图6　拱桥的拱心石

有效应力原理如此重要,可以被认为是"土力学"的标志性理论。但是太沙基指出该原理是建立在完美的实践经验基础上,并不是建立在精确的理论基础之上。可能是由于今年是有效应力原理提出一百周年,所以在这次讲课中此课题最多。除了用前面讲的几种示意图分析颗粒间作用推导有效应力原理之外,图2是我早年针对有人非议取 $M - M$ 不规则曲面不符合经典力学的习惯,于是干脆用一个平面将颗粒与孔隙水全部截断,见图7。

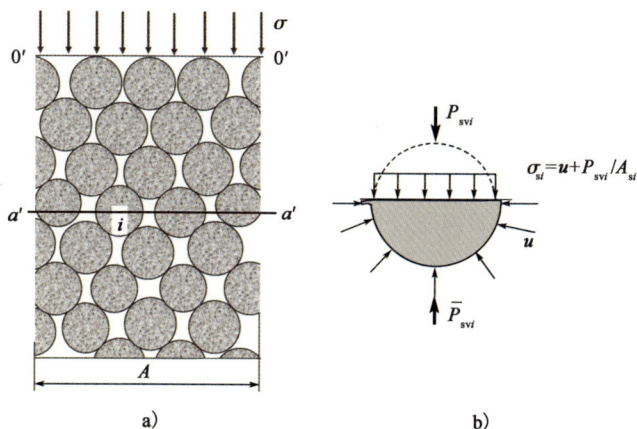

图7 有效应力原理推导一种示意图

在图7a)中,截面 $a'-a'$ 为一个绝对的平面,它切割了一切遇到的颗粒。以图7b)所示切割的第 i 颗粒下半部为隔离体,颗粒四周作用有孔隙水压力 u,与其他所有颗粒间所有接触力的合力在竖向的分量为 P_{svi},固体颗粒的切割断面上的应力为 σ_{si},根据竖向静力平衡,则 $A_{si}\sigma_{si} = A_{si}u + P_{svi}$,其中 A_{si} 为第 i 个颗粒被截面切割的截面积。上式两侧除以 A_{si},即为 $\sigma_{si} = u + P_{svi}/A_{si}$。由于孔隙水压力部分使用了颗粒的水平全面积 A_{si},这里也暗含有颗粒间接触面积等于0的假设。图7a)中 $a'-a'$ 所切割的所有固体颗粒平均总切割面积为 $\sum A_{si} = A(1 - n)$,$a'-a'$ 断面切断的平均总孔隙面积为 An。切割的所有颗粒断面面积上总的竖向力平衡为:

$$p_1 = \sum \sigma_{si}A_{si} = \sum(P_{svi} + uA_{si}) = \sum P_{svi} + Au(1 - n) \qquad (6)$$

在切割的孔隙水的面积上总的竖向力为：

$$P_2 = Anu \tag{7}$$

根据 $a'-a'$ 平面的总竖向力平衡：

$$P = P_1 + P_2 = \sum P_{svi} + Au(1-n) + Aun \tag{8}$$

两侧除以 $a'-a'$ 平面的面积 A，得 $\dfrac{P}{A} = \dfrac{\sum P_{svi}}{A} + u$。

由于总应力 $\sigma = P/A$，有效应力 $\sigma' = \sum P_{svi}/A$，则

$$\sigma = \sigma' + u \tag{9}$$

这里的关键是认识到颗粒的切割面上的应力 σ_{si} 或者所有颗粒内的应力平均值 $\sigma_S = \sum(\sigma_{si}A_{si})/A$ 并不是有效应力。

⑤ 黏性土的有效应力原理

多年来，不时会有人声称推翻了、修改了、完善了、补充了太沙基的有效应力原理，并几乎都是针对黏性土。由于黏性土的片状颗粒，颗粒外存在双电层，具有(强、弱)结合水，颗粒间会有面-角接触与面-面接触，那么它们如何形成土骨架？颗粒间总是固体颗粒接触吗？颗粒的接触面积可以忽略吗？结合水如何传递孔隙水压力？对于这些问题，我也介入了几次讨论与争论，多年来也在不断地查阅文献，力图理解其微观的机理；也指导研究生做一些探讨。但是至今没有结论，即使在2016年的岩土工程学报第8期，发表《论土骨架与渗透力》一文时也没敢论及黏性土的土骨架问题。在这里不揣冒昧谈一些认识与猜想，期望得到同行的指教。

在前面第2小节中曾说有效应力原理属于容易讲解的课题，但是如果有同学问你："以上的推导也适用于黏性土吗？"你会有如下几个选项：

我不知道;

黏性土的情况较复杂,但是试验和工程实践都表明,有效应力原理完全适用于黏性土;

提出你个人的看法,与他进行一些讨论。

(1)黏性土的结合水与土骨架

Mitchell 在 *Fundamentals of Soil Behavior* 一书中指出,黏土颗粒外的三层水分子(大约厚 10nm)与黏土表面结合非常紧密,即是 10^6kPa 这样量级的压力也难以将其挤走——这种水几乎是固化了。石膏的分子式为 $CaSO_4 \cdot 2H_2O$,其中的水分子以结晶水的形式存在于固体矿物颗粒的内部。那么上述颗粒外的三层水分子也可认为是颗粒的一部分,将其纳入土骨架之内。

这个意见有人会难以接受,在土的三相中,土骨架应由固体颗粒组成,不应包括水与气体,而现在就要接受这种固化的水。好在它占的比例一般不高,与其比表面积有关,对于纯的高岭石其含水率为 1%~2%,伊利石为 6%~10%,蒙脱石为 5%~80%。

"骨架"这个概念其实是由固体构成的可传递有效应力的构架。我国黄河河套有由南到北数百公里的一段,早春时,南部河冰解体随河水北流,到达北部冰层尚未解体的河段时,产生冰凌堆积,就会拥堵形成冰坝,它与土石坝一样可以壅高水位,泛滥成灾,只不过其坝体是由固态水——冰骨架构成。所以黏土中部分水加入土骨架中,也是可接受的。

(2)结合水不能传递孔隙水压力吗?

国内不少教材都写道:结合水不能传递孔隙水压力。其实这并不准确,与重力水比较,这些水在极化后其自身重力常常不能摆脱双电层的引力,受到约束。但是不同层次的水受到的约束也不同。有人将黏土颗粒与结合水一起想象成石榴颗粒一样,将固体的石榴籽及其外包裹的果汁膜当成一体,形成了骨架,也就没有给液体的孔隙水压力留有空间。其实,剥去石榴果的外皮,施加压力果汁膜就会破裂,果汁转化为液态,可流动,也可传递流体压力。

黏土的孔隙水中大量的弱结合水,其厚度、含量与黏土颗粒的带(负)电荷位势、土中水的阳离子浓度及价数等有关,它也可以在扰动和压力下转化为重力水。对于高灵敏度黏土三轴试样,不扰动试样可承担100kPa的无侧限压力,切碎放在烧杯中搅拌变成为泥浆。可见其中的结合水含量应能超过100%。

如果所有的结合水都不能传递孔隙水压力,也不流动,那么饱和黏土就不可能固结压缩到液限含水率w_L以下(达到液限,黏土中才开始有自由水)。我们曾采用小浪底土石坝的斜心墙防渗土料进行试验,其塑限含水率$w_p = 23\%$,液限含水率$w_L = 44\%$。在各种围压下固结。表1表示了试样在三轴仪中不同固结压力下的饱和含水率。可见,在高压下含水率可小于塑限(接近弱结合水的下限),所以结合水在高压下是可以传递孔隙水压力的,并可流动和被挤出。

对于表1中的三轴试样在上部试样帽施加水头为50cm的静水,在试样下部用传感器量测其孔隙水压力见图8a),结果基本上可测到孔隙水压力。这说明,即使是含水率小于塑限的黏土也可传递孔隙水压力,见图8b)。但在饱和含水率小于塑限含水率时($\sigma_3 = 600$kPa、800kPa),孔隙水压力传递受阻,实测值小于5kPa。

不同围压下饱和黏土的含水率   表1

围压(kPa)	100	200	400	600	800
含水率(%)	34.1	29.0	24.8	21.9	20.1

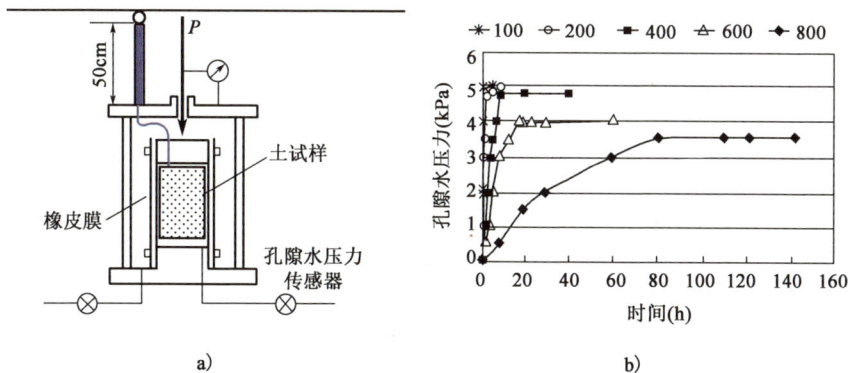

图8 三轴仪上的水压力试验

Mitchell 在 *Fundamentals of Soil Behavior* 一书中也指出："The recent findings that the viscosity and diffusion properties of adsorbed water in clay are essentially the same as for bulk water are significant"[25]。他认为在流动性等方面,结合水(吸附水,adsorbed water)与重力水并无本质差别。

(3)黏土中的有效应力原理

正如太沙基所说,无论在粗粒土还是在黏性土中,有效应力原理 "its empirical basis is so well established"。大量的试验与工程经验都证明了有效应力原理的适用性。尤其是黏土的渗流固结可以比较准确地计算预测其固结-时间曲线。

黏土的有效应力原理可能不像粒状土那么简单,但是基本原理应是一致的,可能有部分强结合水参加到土骨架中传递有效应力,而大量的弱结合水与重力水一样承受孔隙水压力。由于黏土颗粒极微小,并且多是边(角)↔面的接触,颗粒接触的总面积与大量孔隙水比较仍然是可忽略的,如图9所示。

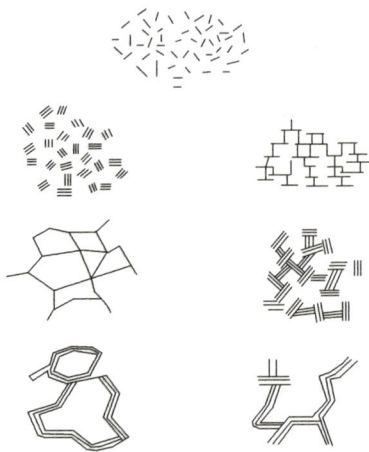

图9　黏土结构与颗粒间的接触

⑥　渗流力与流砂

对于土力学,有两个环节必须严格把握名词术语,一是课堂与教材,二是规范与标准。因为前者出错会误人子弟;后者有误则会使工程技术人员概念混乱,危及工程。

在这次讲课中有一个题目是"渗流力、流砂的危害及防治",不知源于哪一本教材的哪一章节,这里出现了两个不规范的土力学术语:渗流力与流砂。听其讲解的意思应当是指渗透力与流土。渗流是土中水的性质,渗透(透水)性则是土骨架的性质。渗透力的施加者是土孔隙间的水流,受力者是土骨架,所以该力是"作用于土骨架上的力",所以叫渗透力更合适,而非"渗流力"。

关于渗透力,有人讲是"水流作用于土骨架中颗粒上的拖曳力"。这在此前清华的教材上就是这么写的,于是以讹传讹普及开来。后来我们纠正了这个错误,改为"渗流场中单位土体内土骨架所受到的渗流水流的推动力与拖曳力"。图10中是一个土骨架中的长方体颗粒,水平渗流场的上下游两端面分别受到 p_1 与 p_2 的水压力,其压力差向着渗流方向推动颗粒,而四周的表面积上则作用有由于水的黏滞力而

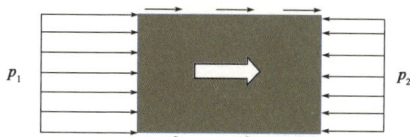

图10　颗粒上的拖曳力与推动力

产生对颗粒表面的拖曳力。二者作用方向都与渗流方向相同,数值与上下游的压力差(水力坡降)成正比。

如果你和几个人互相扶持,站在密集的人流中企图不动,就会体会到渗透力的可怕:两侧流动的人群侧向挤压你,并通过亲密接触的衣服产生摩擦力,亦即拖曳力;而更难以抵抗的则是拥挤的人群在人流方向对你的推动力。

"流砂"是土力学中一个并不太明确的术语,在任何汉语字典中只能查到"流沙"而不见"流砂",可见它不是一个规范和通用的汉语词汇。在宋代沈括的《梦溪笔谈》中有"沙随风流,谓之流沙"。从图11中可以看到沙漠中风引起的"流沙",似乎沙尘暴也可谓之流沙。

图11　风随沙流,谓之"流沙"

土力学中也常见"流砂"这种说法,其语义并不明确:如某基坑支护侧壁处锚杆钻孔穿透了含承压水砂土层,使砂土随水涌出,人们说

203

发生了流砂;若两层黏土夹一层的砂层,开挖基坑时黏土夹层间的砂沿侧壁流出,也被称为流砂。

其实流砂更多的是指饱和砂土的流滑(slippery flow)。其表现有多种:

(1)如图12中,在饱和砂土的固结不排水三轴试验中可以发现,在初始围压为 $\sigma_3 = 400\text{kPa}$ 松砂试样(A)的现象。它在很小的应变下应力-应变曲线会急剧下降,几乎丧失了强度,如图12a)所示;试样内超静孔隙水压力很快上升到接近施加的围压(400kPa),如图12b)所示,有效围压接近于零;有效应力路径奔向原点,达到强度包线如图12c)所示。这时,饱和砂土试样已经呈现流态,所以又被称为"静态液化"。

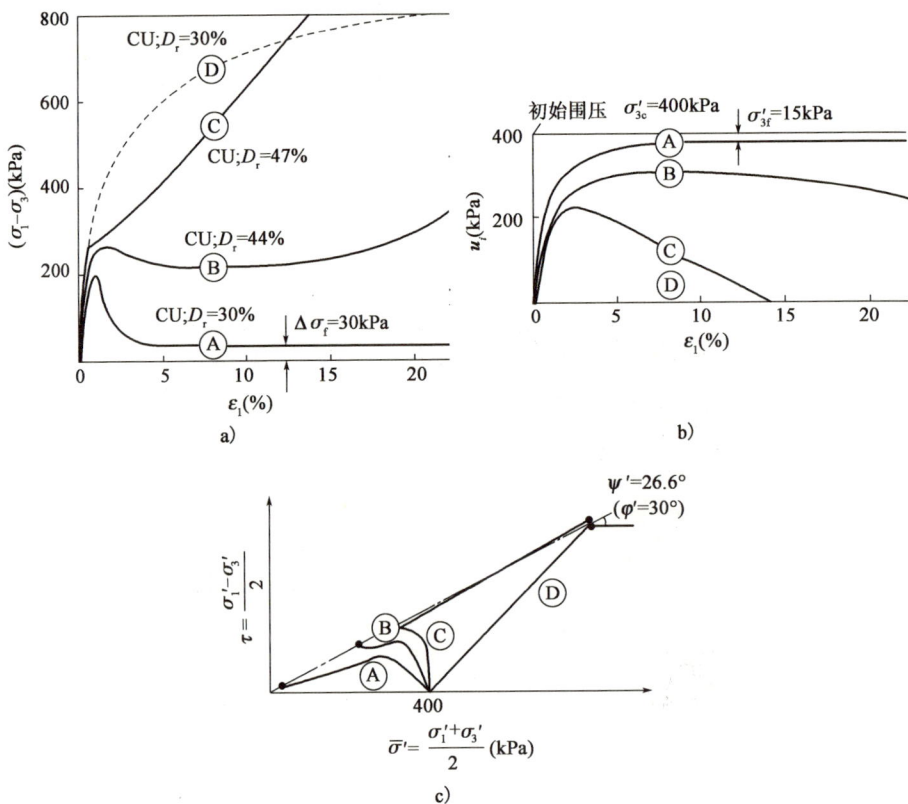

图12 饱和砂土的固结不排水三轴试验

（2）饱和松砂被扰动。

图13表示用拳头击打装有饱和松砂的箱壁，引起测压管内的水头急剧升高，砂土承载力丧失殆尽（左侧的砝码沉入砂内）。这也是一种液化现象，英文称为quicksand，也有人译为流砂。

图13　拳击饱和松砂箱壁

在三峡大坝建设之前，我们曾对三峡库区由下游葛洲坝工程淤积的干密度极小的饱和粉细砂进行三轴试验，对试样施加真空，小心翼翼地制成了饱和试样，用手指轻轻触碰橡皮膜，试样立即溃散成流态。这时典型的quicksand。

渗透变形（seepage deformation）是国内外统一定义的术语，但是在国外的教材及文献中seepage deformation包含哪些内容不够明确和统一，见到的有quicksand，boiling，liquefaction，piping等，这些术语都是针对砂土的流土与管涌，但很少提及黏性土的流土。我国《水利水电工程地质勘察规范》（GB 50487）则明确规定了在一种土内的渗透变形有流土和管涌两种形式，在两种土间还有接触冲刷与接触流失。这样，液化、流砂、流泥、泥石流都不属于渗透变形，上述的流砂现象与渗流无关,因而将流土称为流砂是严重的概念错误。

渗透变形一般应发生在渗流中,砂土的流土表现为颗粒同时启动悬浮,状如沸水,亦称砂沸(boiling),如图14a)所示;而黏土的流土则常常表现为土层整体启动,或在局部薄弱处被突起后而涌泥涌砂,它们的判断准则都是 $i_{cr} = \dfrac{\gamma'}{j}$。

在黏土层下存在含有承压水的砂层时,快速开挖基坑常常会发生坑底的隆起。首先是坑底土变软,成为"弹簧土",再开挖就会在一处或几处冒水,有时会涌砂流泥,这种情况在基坑工程中被称为"突涌"。当开挖速度较慢,黏土层渗透系数不是很小时,在黏土层中产生了相对稳定渗流,这种情况也属于黏土的流土。但一般基坑开挖较快,不能在黏土层中形成稳定渗流,这时的坑底隆起就不应属于渗透变形。如图14b)中的试验所示,由于下部的水头增加太快,上部的黏土层还处于干燥状态,就被扬压力将其像活塞一样给推了上去。由于没有形成相对稳定的渗流,甚至没有发生渗流,所以不应属于渗透变形。它是土体的竖向静力平衡问题,即坑底隆起。

a) b)

图14 砂沸与突涌

突涌的分析应采用三相的土体作为隔离体,用总应力法计算竖直向静力平衡时的安全系数为:

$$K = \frac{\sum \gamma_i \Delta h_i}{p_w} \qquad (10)$$

式中,γ_i 为承压水以上各层土的天然重度,当土饱和时采用饱和重度;Δh_i 为坑底到含承压水砂层顶部间各层土的厚度;p_w 为黏土层底面处承压水的扬压力。

流土的分析则应用有效应力法,以土骨架为隔离体,计算竖直方向土骨架的平衡,其安全系数为:

$$K = \frac{\gamma'}{j} = \frac{\gamma'}{i\gamma_w} \qquad (11)$$

实践中,由于水的流动产生的工程事故和地质灾害形式很多,有时难以定名为上述的流土与管涌,而往往是多种情况的综合,如在洪水期,堤坝下游的二元结构地基处先在上部不透水层发生流土或突涌,随后下部砂土沿着两种土的界面接触冲刷而大量流失,导致地基沉降,堤坝塌陷,河水漫顶使其溃决。

渗透变形是"土力学"课程中较为难以掌握的部分,国内外的定名也不一致。如在英文教材中没有发现"流土"这一英文术语,中文流土的英文 soil fow 似乎也是我们替外国人翻译的。英文教材中 quicksand,boiling,liquefaction 都有(砂土)流土的意思,Craig 将流土定名为 "seepage-induced liquefaction" 倒是较为形象贴切,但不适用黏土。这种情况给中外同行间的交流造成一些困难。其实"流土"其名也不甚达意,意译为"流动的土",好像对于"沙随风流"的沙尘暴或者泥石流等倒更合适。石屑与矿物颗粒形成骨架就是土,在水中未形成骨架即是泥沙,而渗透变形似乎处于二者的转换过程。

一些岩土工程技术人员对于土中水的渗流及渗透变形的认识与理解较为薄弱,在本科教学中应加强这部分内容的教育。

❼ 渗透变形与渗透破坏

在这次讲课中有一个是以"渗透力与渗透破坏"为题,不知讲的是哪一本教材。这里就"渗透变形"与"渗透破坏"两个术语进行讨论。

在工程结构可靠性设计中,将结构或构件分为"承载能力极限状态"和"正常使用极限状态",前者对于一个人就是死去了,对于结构或构件就是破坏了;后者对于一个人大约是病了,常常是结构或构件变形与有关,使其不能正常承担其功能。

我国在岩土工程方面的名词术语大多源于西方,也有少量译自日本及苏联。这些名词术语经同行专家及广大工程技术人员的提出、使用和流传,又经权威机构与专家的认定,基本是准确和达意的,使同行们有统一的语言,便于交流与共识。

将它们译成中文,也是由业内高人切磋琢磨,力争"信达雅"。前几年,不同行业都对岩土工程名词术语进行了规范,制定了标准。有的术语未完全按照英文的原文翻译,但翻译得很巧妙,如 uniformity coefficient(C_u),按照字面应译为"均匀系数",可是对应的中文却是"不均匀系数"。

$$C_u = \frac{d_{60}}{d_{10}} \tag{12}$$

由于其数值越大,土也就越不均匀,命名为"不均匀系数",就很直观、准确、易懂。

国内外有关渗透变形（seepage deformation）表达的意义大体是一致的，国外教材对此术语包含哪些现象比较乱。而在我国，对其是常有"渗透破坏"和"渗透稳定"等说法。图15就是中国水利水电科学研究院的渗流方面的权威专家刘杰于2014年在中国水利水电出版社出版的大作，写的就是"渗透破坏"。工程技术人员习惯用这些叫法，也都明白其意义。但是在课堂和教材中还是应该采用规范与标准的说法。我会在课堂上口头向学生们讲解："也有称'渗透变形'为'渗透破坏'或'渗透稳定'的情况。"

图15 《土的渗透破坏及控制研究》专著封面

如果叫渗透破坏，那么是什么破坏呢？是土体或土骨架的破坏，还是土工构筑物的破坏？是整体的破坏还是局部的破坏？

在渗透变形中，流土会造成土骨架的溃散，使土完全丧失强度与刚度。但粒状土的管涌则不一定造成土骨架的破坏，有时管涌发生后会逐步停止。有的粒状土发生管涌后仍能承受较大的水力坡降和荷载,这种土被称为"非危险性管涌土。"

1998年长江洪水期间发生了6000多处与渗流有关的险情(流土、管涌与接触冲刷等),而最终造成重大工程事故的只有江西省九江市防洪墙、湖南省安造垸、湖北省孟溪垸、湖北省簰洲合镇垸、江西省江州圩堤防的五处大决口。

地震引发大滑坡,滑下的土体截断河流形成堰塞坝与堰塞湖,它与人工建设的土石坝和水库不同,其上游河水不断流入堰塞区,但挡水坝没有外流的出口,即水只进不出。结果只能是水越积越多,我们期望它早日决口(破坏)。如坝体材料的粒径较小,稍加干预即可引流、溃坝、冲刷而决口,其危害较小。可是如果坝体材料是以巨石、块石等为主,级配不均匀,细颗粒占25%以下,蓄水后很快发生管涌,细粒土流走,大块石形成骨架,除了用原子弹外,炸药、炮击、投弹都难以使这种上亿方的巨坝破坏。结果海量的洪水会酿成巨灾,如图16所示,西藏易贡河岸的高坡在2000年4月9日发生巨型滑坡,形成堰塞坝坝高290m,总土方量2亿~3亿m³。由于堰塞坝难以破坏,最后堰塞湖库水达15亿m³,而易贡河以下的雅鲁藏布江是一条国际河流,最后垮坝时,十几亿方洪水奔腾而下,在下游造成水灾。

可见,有时发生的渗透变形,我们诚心祈祷它最早成为真的渗透破坏,使土骨架溃散冲决,可惜它就是不破坏。

渗透变形会使地基或土工构筑物发生险情,及时抢险、补救常常可以控制,不一定造成结构与建筑的破坏,因而称其为"渗透变形"较为合适,一般称为隐患和险性。它经常会引起一些"正常使用极限状态"的问题。

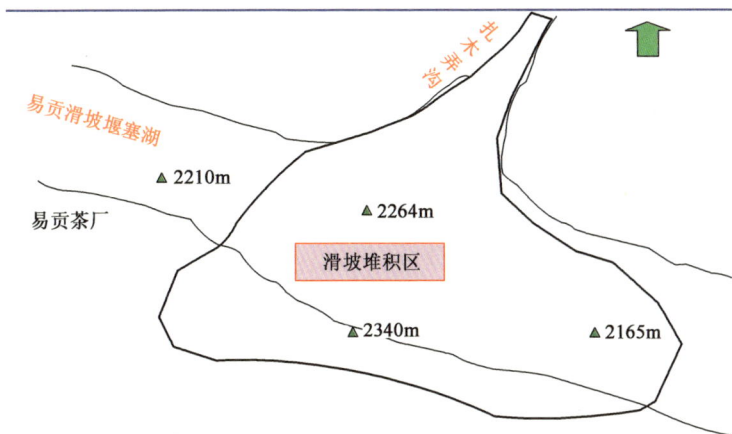

图16 易贡河堰塞湖平面示意图

1968年,我在松花江滩地负责修建一个大型抽水站的压水池(引水进池),采用大型沉井施工,当时松花江水位较高,采用上下两层轻型井点降水。挖砂到一半左右,突然断电,沉井底部水与砂像开锅了一样此起彼伏的鼓包,形成典型的"砂沸"。用6m长的竹竿一插到底,毫无阻力。我立即组织工人向沉井内灌水,使其比江水齐平,井内立刻就安静了。供电恢复后继续降水开挖,也没发生沉井的倾斜与超沉。

❽ 渗透变形与抗滑稳定

在这次讲课中,听到有人讲:渗透力克服了砂土的阻力,使其变得像流体一样,这就是流土。其实在流土过程中,渗透力克服的是土骨架中颗粒的重力而不是阻力,或者说克服了土骨架的重力(以浮重度计)。

流土一般发生在水平的地表,渗流都是竖直向上的。向上的渗透力与骨架的重力达到极限平衡,$j = \gamma'$。渗透变形与土的强度和强度

211

指标无关。

十多年前,我受邀到西安参加冶金行业的一本规范的审查会。对于在尾矿坝下游坡面处发生尾矿泥浆涌出,他们将其称为"流土"。我坚持认为,只有在水平地面竖直渗流时才会发生流土。其他方向土中的渗流只会引起抗滑稳定的问题。

在图17中,尾矿坝下游水下坡面是一条等势线,所有流线都垂直于它。取单位体积的小单元体为隔离体,浮重力为γ',垂直于坡面的渗透力为j。它在垂直于坡面方向上的极限平衡条件为:

$$(\gamma'\cos\beta - j)\tan\varphi = \gamma'\sin\beta \qquad (13)$$

如果坡面是水平的,则$\beta=0°,\cos\beta=1.0,\sin\beta=0$,式(1)就变为

$$\gamma' = j \qquad (14)$$

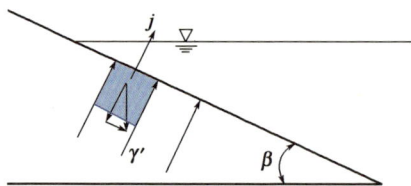

图17 尾矿坝下游坡的稳定

这就变成了流土的极限状态条件。可见,流土是所有力都与水平滑动面垂直的一种特例,它的发生与土的抗剪强度指标无关。

我讲了这个道理,可惜冶金行业的那些同行们并不认可,他们"习惯"了在坝坡上发生流土,听不进我这种"杂音"。我很无语,也只好从众,在审查报告上签名,以后也就不敢再出席他们类似的会议了。

参考文献

[1] 恩格斯. 自然辩证法[M]. 北京:人民出版社,1971.

[2] POOROOSHASB H B. The last lecture[C]//Proceedings of the 7th International Symposium on Lowland Technology. Saga:Institute of Lowland and Marine Research,Saga University,2010.

[3] BIANCHINI G. Complex stress paths and validation of constitutive model[J]. Geotechnical Testings,1991,14(1):13-25.

[4] TERZAGHI K. Soil moisture and capillary in soil[M]. New York:McGraw-Hill:331-363.

[5] 顾宝和. 岩土之问[M]. 北京:中国建筑工业出版社,2023.

[6] 顾晓鲁,郑刚,刘畅,等. 地基与基础[M]. 北京:中国建筑工业出版社,2018.

[7] LEE K L,SEED H B. Drained strength characteristics of sands[J]. Journal of the Soil Mechanics Foundation Division,1967,93:117-141.

[8] 李广信. 应力路径对土的应力应变关系的影响[D]. 北京:清华大学,1980.

[9] 李广信,武世锋. 土的卸载体缩的试验研究及其机理探讨[J]. 岩土工程学报,2002,24(1):47-50.

[10] 张国新,李广信,郭瑞平. 不连续变形分析与土的应力应变关系[J]. 清华大学学报(自然科学版),2000,40(8):102-105.

[11] 李广信. 土的清华弹塑性模型及其发展[J]. 岩土工程学报,2006,28(1):1-10.

[12] 全国颗粒表征与分检及筛网标准化技术委员会. 试验筛 技术要求和检验 第1部分:金属丝编织网试验筛:GB/T 6003.1—2022[S]. 北京:中国标准出版社,2022.

[13] 中华人民共和国建设部. 土的工程分类标准:GB/T 50145—2007[S]. 北京:

中国计划出版社,2008.

[14] 中华人民共和国住房和城乡建设部. 建筑地基基础设计规范:GB 50007—2011[S]. 北京:中国计划出版社,2012.

[15] 国家防汛抗旱总指挥部办公室. 沟后水库砂砾石面、板坝——设计、施工、运行与失事[M]. 北京:中国水利水电出版社,1996.

[16] 弗雷德隆德,拉哈尔佐. 非饱和土力学[M]. 陈仲颐,张在明,译. 北京:中国建筑工业出版社,1997.

[17] 中华人民共和国住房和城乡建设部. 建筑地基基础术语标准:GB/T 50941—2014[S]. 北京:中国建筑工业出版社,2014.

[18] 中华人民共和国住房和城乡建设部. 岩土工程勘察规范:GB 50021—2001[S]. 北京:中国建筑工业出版社.

[19] 中华人民共和国住房和城乡建设部. 水利水电工程地质勘察规范:GB 50487—2008[S]. 北京:中国计划出版社,2009.

[20] 中华人民共和国住房和城乡建设部. 建筑边坡工程技术规范:GB 50330—2013[S]. 北京:中国建筑工业出版社,2013.

[21] 中华人民共和国国家发展和改革委员会. 碾压式土石坝设计规范:DL/T 5395—2007[S]. 北京:中国电力出版社,2008.

[22] 古德曼. 工程艺术大师:卡尔·太沙基[M]. 朱合华,史培新,译. 上海:同济大学出版社,2020.

[23] TERZAGHI K, PECK R B, MESRI G. Soil mechanics in engineering practice [M]. 3rd ed. New York:John Wiley & Sons Inc.,1996.

[24] KNAPPETT J A, CRAIG R F. Craig's soil mechanics [M]. 8th ed. Spon Press,2012.

[25] MICHELL J K. Fundamentals of soil behavior [M]. 2nd ed. New York:John Wiley & Sons,Inc.,1993.

[26] LADE P V, Elacto-plastic stress-strain theory for cohesionless soil with curved yield surface[J]. International Journal of Rock Mechanics & Mining Ences & Geomechanics Abstracts, 1977, 13(11): 1019-1035.

[27] NAKAI T, MATSUOKA H. Shear behaviors of sand and clay under three dimensional stress condition[J]. Soil and Foundations, 1983, 23(20): 26-42.

[28] 俞茂宏, 周小平, 张伯虎. 双剪土力学[M]. 北京: 中国科学技术出版社, 2012.

[29] ROBERT D H, WILLIAM D K. An introduction to geotechnical engineering [M]. Englewood Cliffs: Prentice-Hall, Inc., 1981.

[30] 李广信. 高等土力学: [M]. 2版. 北京: 清华大学出版社, 2016.

[31] LADE P V, DUCAN J M. Stress path dependent behavior of cohesionless soil[J]. Journal of the Geotechnical Engineering Division, 1976, 102(1): 51-68.

[32] SKEMPTON A W, BJERRUM L A. Contribution to the settlement analysis of foundations on clay[J]. Geotechnique, 1957, 7(4).

[33] 中华人民共和国水利部. 碾压式土石坝设计规范: SL 274—2001[S]. 北京: 中国水利水电出版社, 2001.

[34] 梁金国, 冯怀平. 基于非饱和土理论的简化强度判断公式研究[J]. 工程勘察, 2011, 39(11): 11-13.

[35] 杨光华. 地基非线性沉降计算的原状土切线模量法[J]. 岩土工程学报, 2006, 28(11): 1927-1931.

[36] 中华人民共和国住房和城乡建设部. 载体桩技术标准: JGJ/T 135—2018 [S]. 北京: 中国建筑工业出版社, 2018.

[37] BURLAND J B. The teaching of soil mechanics: a personal view[C]//Proceedings of the 9th European Conference on Soil Mechanics and Foundation Engineering: Volume 3. Rotterdam, 1989: 1427-1447.

[38] BURLAND J B. ICE manual of geotechnical engineering[M]. London：ICE Publishing，2012.

[39] TERZAGHI K. The actual factor of safety in foundations[J]. The Structural Engineer，1935，13(3)：126-160.

[40] 中华人民共和国住房和城乡建设部. 土工试验方法标准：GB/T 50123—2019[S]. 北京：中国计划出版社，2019.

[41]《工程地质手册》编委会. 工程地质手册：[M]. 5 版. 北京：中国建筑工业出版社，2018.

[42] 中华人民共和国住房和城乡建设部. 建筑基坑支护技术规程：JGJ 120—2012[S]. 北京：中国建筑工业出版社，2012.

[43] 中国土木工程学会土力学与岩土工程分会. 深基坑技术指南[M]. 北京：中国建筑工业出版社，2012.

[44] HARUYAMA H. Aniso tropic deformation‐strength chracteristics of an assemble of spherical paticles under three dimension-stresses[J]. Soil and Foundation. 1981，21(4).

[45] ODE M. Initial fabrics and their rlations to mechanical properties of granular material[J]. Soil and Foundation. 1972，12(1).

[46] 北京市规划委员会. 城市建设工程地下水控制技术规范：DB11/1115—2014[S]. 北京：北京城乡规划标准化办公室，2014.

[47] 毛泽东. 毛泽东选集：第一卷[M]. 北京：人民出版社，1966.

[48] CORNFORTH D H. Some experiments on the influence of strain condition on the strength of sand[J]. Geotechnique，1964，14(2)：143-167.

[49] BISHOP A W. Sixth rankine lecture：the strength of soil as engineering material[J]. Geotechnique，1966，16(2)：89-130.

[50] SATAKE M. Stress-deformation and strength characteristics of soil under three

difference principal stresses[J]. Proceedings of Japan Society of Civil Engineering,1976,246:137-138.

[51] 史宏彦,刘保健. 确定平面应变条件下无黏性土中主应力的一个经验公式[J]. 西安公路交通大学学报,2001,21(1):19-22.

[52] 李刚,谢云,陈正汉. 平面应变状态下黏性土破坏时的中主应力公式[J]. 岩石力学与工程学报,2004,23(18):3174-3177.

[53] 李广信,黄永男,张其光. 土体平面应变方向上的主应力[J]. 岩土工程学报,2001,23(3):358-361.

[54] 李树勤. 在平面应变条件下砂土本构关系的试验研究[D]. 北京:清华大学,1982.

[55] DAFALIAS Y F, HERRMANN L R, DENATALE J S. Description of natural clay be havior by a simple bounding surface plasticity formulation[C]//Limit Equilibrium,Plasticity and General Stress-Strain in Geotechnical Engineering,1980:711-741.

[56] 中华人民共和国建设部. 建筑基坑支护技术规程:JGJ 120—1999[S]. 北京:中国标准出版社,1999.

[57] 中华人民共和国建设部. 建筑边坡工程技术规范:GB 50330—2002[S]. 北京:中国建筑工业出版社,2002.

[58] 陈祖煜. 土质边坡稳定分析[M]. 北京:中国水利水电出版社,2003.

[59] 葛修润. 岩石疲劳破坏的变形控制率、岩石力学试验的实时X射线CT扫描和边坡坝基坑稳定分析的新方法[J]. 岩土工程学报,2008,30(1):1-20.

[60] 上海市城乡建设和交通委员会. 基坑工程技术规范:DG/TJ 08-61—2010[S]. 上海,2010.

[61] 中华人民共和国冶金部. 建筑基坑工程技术规范:YB 9258—1997[S]. 北

京:冶金工业出版社,1997.

[62] DUNCAN J M. State of the art:Limit equilibrium and finite element analysis of slopes[J]. Journal of Geotechnical Engineering,1996,122(7):577-596.

[63] 中华人民共和国住房和城乡建设部. 岩土锚杆与喷射混凝土支护工程技术规范:GB 50086—2015[S]. 北京:中国计划出版社,2015.

[64] 中华人民共和国铁道部. 铁路桥涵地基和基础设计规范:TB 10002.5—2005[S]. 北京:中国铁道出版社,2005.

[65] TERZAGHI K. The influence of modern soil studies on the design and construction of foundations[J]. Building Research Congress,1951,1:139-145.

[66] 濮家骝,李广信. 土的本构关系及其验证与应用[J]. 岩土工程学报,1986,8(1):47-82.

[67] 李广信. 关于土力学理论发展的一些问题:兼与杨光华同志商榷[J]. 岩土工程学报,1991,13(5):91-98.

[68] 李广信. 岩坛六弊[J]. 岩土工程界,2006,9(3):20-22.

[69] 陈愈炯,温彦锋. 基坑支护结构上的水土压力[J]. 岩土工程学报,1999,21(2):139-143.

[70] 魏汝龙. 总应力法计算土压力的几个问题[J]. 岩土工程学报,1995,17(6):120-125.

[71] 魏汝龙. 基坑内外的水压力和渗流力[J]. 岩土工程界,1998,10(1):23-25.

[72] 李广信. 基坑支护结构上水土压力的分算与合算[J]. 岩土工程学报,2000,22(3):348-352.

[73] 沈珠江,基于有效固结应力理论的黏土土压力公式[J]. 岩土工程学报,2000,22(3):353-356.

[74] 陈愈炯,徐家海,徐世果. 关于"渗流作用下的坝坡稳定有限单元分析"—

文的讨论[J]. 岩土工程学报,1983,5(3):135-141.

[75] 毛昶熙,李吉庆,段祥宝. 渗流作用下土坡圆弧滑动有限元计算[J]. 岩土工程学报,2001,23(6):746-752.

[76] 陈祖煜. 关于"渗流作用下土坡圆弧滑动的有限元计算"的讨论之一[J]. 岩土工程学报,2002,24(3):394-396.

[77] 陈立宏,李广信. 关于"渗流作用下土坡圆弧滑动的有限元计算"的讨论之二:兼论边坡稳定分析中的渗透力[J]. 岩土工程学报,2002,24(3):396-397.

[78] 葛孝椿. 关于"渗流作用下土坡圆弧滑动的有限元计算"的讨论之三[J]. 岩土工程学报,2002,24(3):398-399.

[79] 毛昶熙,李吉庆,段祥宝. 对"渗流作用下土坡圆弧滑动有限元计算"讨论的答复[J]. 岩土工程学报,2002,24(3):399-402.

[80] 沈珠江. 莫把虚构当真实:岩土工程界概念混乱现象剖析[J]. 岩土工程学报,2003,25(6):767-768.

[81] 李广信. 论土骨架与渗透力[J]. 岩土工程学报,2016,38(8):1522-1528.

[82] 李广信. 关于《建筑边坡工程技术规范》(GB 50330—2013)的讨论[J]. 岩土工程学报,2016,38(12):2322-2326.

[83] 侯继尧,王军. 中国窑洞[M]. 郑州:河南科学技术出版社,1999.

[84] 刘敦桢. 中国古代建筑史[M]. 北京:中国建筑工业出版社,1980.

[85] 刘斌,王宁远,陈明辉. 从考古遗址到世界文化遗产:良渚古城的价值认定与保护利用[J]. 东南文化,2019(1):6-13.

[86] 李广信. 息壤考[J]. 土木工程学报,2011,44(S2):1-4.

[87] 顾宝和. 岩土工程典型案例述评[M]. 北京:中国建筑工业出版社,2015.